《南京城市规划探索与实践》丛书
南京市规划局 编

U0376302

CONCEPTIONAL DESIGN FOR EXPANSION
OF THE MEMORIAL HALL OF VICTIMS IN NANJING MASSACRE

侵华日军南京大屠杀遇难同胞纪念馆
规划设计扩建工程概念方案国际征集作品集

中国建筑工业出版社

牢记历史教训　开创和平未来（代序）

南京大屠杀是南京人永远的心头之痛。

70 年前，侵华日军在中国大地上制造了一场灭绝人性、惨绝人寰的南京大屠杀，30 余万手无寸铁的平民和放下武器的士兵惨遭杀戮，数以万计的妇女被强暴，全市三分之一的建筑遭毁坏，公私财产损失难以计数。南京大屠杀成为第二次世界大战史的三大惨案之一，在世界文明史上留下了最黑暗的一页。

对侵华日军在南京犯下的这一滔天罪行，南京人民不会忘记，中国人民不会忘记，包括日本人民在内的全世界所有热爱和平的人们都不会忘记。为不忘国耻，祭奠冤魂，1985 年侵华日军南京大屠杀遇难同胞纪念馆正式落成。纪念馆坐落在侵华日军南京大屠杀江东门集体屠杀原址和遇难者丛葬地，它以详实的史料和实物，真实展示了日本侵略军残杀 30 余万南京人民的罪恶铁证，记载了当年中华民族的耻辱和苦难，表达了中国人民痛恨战争、热爱和平的强烈心声。

侵华日军南京大屠杀遇难同胞纪念馆自建馆以来，累计接待海内外参观者 1400 多万人次，近年来仅日本参观者每年就约 5 万人次，成为进行爱国主义教育和国际和平交流的重要场所。

70 年过去了。在这段并不短促的岁月里，战争制造的悲剧幸已成为过去，历史的真相也已昭然于天下。正视历史，和平发展已经成为中日两国和人民友好交往的主流。然而，由于军国主义势力的逐渐抬头，加上对侵略战争缺乏深刻的反省，日本国内有少数人罔视如山铁证和国际社会的定论，以各种形式否认、掩盖或歪曲南京大屠杀这一历史事实。如今，南京大屠杀的幸存者和见证者尚且健在的已经不多，因此，真实展示这段惨痛历史的侵华日军南京大屠杀遇难同胞纪念馆承载着将历史真相告诉后人的重任。

为纪念南京大屠杀 30 万同胞遇难 70 周年，2005 年，由国家批准立项，江苏省和南京市政府决定，实施侵华日军南京大屠杀遇难同胞纪念馆扩建工程。扩建纪念馆，目的是维护历史真相，更全面、更清晰地展示这段举世震惊的历史教训，坚持正义和良知，在更大的空间内客观地记录南京大屠杀事件，展示其作为人类苦难的悲剧意义，从而进一步发挥其反对战争、呼唤和平的警世作用。

侵华日军南京大屠杀遇难同胞纪念馆的扩建工程得到中共中央、国务院以及江苏省、南京市领导的高度重视和关注，得到了海内外同胞、社会各界及南京市民的一致支持。在纪念馆扩建工程的规划设计过程中，共有 12 家著名的设计单位参与了国际方案征集，有 9 所高等院校的 111 个设计小组参与了大学生方案竞赛。经专家评审，扩建工程的实施方案由中国工程院院士、华南理工大学何镜堂教授担纲设计，加之一期工程是中国科学院院士、东南大学齐康教授的优秀作品，两位院士联袂，纪念馆扩建工程可望成为具有一流国际水准的纪念建筑。

前事不忘，后事之师。今天，我们扩建侵华日军南京大屠杀遇难同胞纪念馆，就是为了以史为鉴，警策后人，杜绝历史悲剧的重演；就是为了揭露和批判日本一小撮右翼分子篡改历史、妄图翻案、重走军国主义老路的图谋；就是为了教育广大人民群众特别是青少年，不忘国耻，铭记落后就要挨打的历史教训，为实现民族振兴、完成祖国统一的使命而努力奋斗；就是为了更好地创造和平友好的中日未来关系。

曾经饱受战争灾难的南京人民最懂得和平的珍贵。和平与发展是当今时代的主题，反对战争、维护和平、促进发展是全世界人民的共同愿望与责任。在中国人民全面建设小康社会、努力实现现代化的今天，扩建侵华日军南京大屠杀遇难同胞纪念馆既是铭记历史、告慰先人，也是教育后人、启迪未来；既体现了中国人民呼唤和平、摒弃仇恨和纷争的深切期盼，也表达了我们牢记历史教训、共同维护和平与发展、努力构建一个和谐美好世界的真诚愿望。

2007 年 8 月

前言

　　1937 年 12 月 13 日，侵华日军攻占了当时中国的首都南京。在之后的 6 个星期内，侵华日军采用极其野蛮的手段，对和平居民及解除武装的中国军人进行了血腥屠杀。30 余万手无寸铁的平民和放下武器的士兵惨遭杀戮，数以万计的妇女被强暴，全市三分之一的建筑遭毁坏，公私财产损失难以计数。这就是第二次世界大战史的三大惨案之一——南京大屠杀。

　　为悼念遇难同胞，铭记历史，在侵华日军江东门集体屠杀和遇难同胞"万人坑"遗址之上了建立侵华日军南京大屠杀遇难同胞纪念馆。纪念馆由中国科学院院士、东南大学齐康教授设计，于 1985 年 8 月 15 日建成开放。

　　作为中国大地上第一座抗战史纪念馆、"把血写的历史铭刻在南京的土地上"的石头史书、全国爱国主义教育示范基地和国际和平交流的重要场所，开馆 20 年以来，参观、凭吊、反思的

人越来越多，一、二期工程狭小的展厅空间与巨大的观众人流形成了突出的矛盾。为此，各级人大代表、政协委员、专家学者、幸存者，甚至于海外侨胞，要求扩建纪念馆的呼声日益强烈。2003 年 12 月，江苏省委省政府顺应社会各界呼声正式决定扩建纪念馆，扩建工程项目于 2005 年 2 月获得国家发改委的正式批复。

　　为了扩大影响，集思广益，扩建工程决定采取国际方案征集的组织方式征集概念设计方案。受南京市政府委托，南京市规划局承担了纪念馆扩建工程概念设计国际方案征集的组织工作。

　　12 家知名设计单位和大师参加国际方案征集。国内设计单位 9 家，其中 8 家是全国排名前列的建筑院校，分别是清华大学建筑学院、天津大学建筑学院、同济大学建筑与城市规划学院、东南大学建筑学院、华南理工大学建筑学院、重庆大学建筑城规学院、哈尔滨工

业大学建筑学院、南京大学建筑研究所。各高校对本次征集活动投入了极大的精力，并推荐代表本校最高水平的教授专家参与本次方案征集活动，如华南理工大学推荐了中国工程院院士何镜堂先生、天津大学推荐了中国科学院院士彭一刚先生、同济大学推荐了中国工程院院士戴复东先生；另外一家国内设计机构为深圳市建筑设计研究总院，由该院副院长、总建筑师孟建民先生领衔设计。境外设计单位 3 家，即美国的 Steven Holl Architects、英国的 David Chipperfield Architects、法国的 AS 建筑工作室，其中 Steven Holl 先生被美国《时代》周刊评为美国最好的建筑师，是当今国际新一代建筑大师中的代表人物，David Chipperfield 公司完成了包括柏林博物馆扩建工程在内的许多重大项目，AS 建筑工作室完成了诺曼底登陆纪念馆在内的许多重大设计项目。

南京规划委员会组织了纪念馆扩建工程概念设计国际方案征集专家评选，邀请了13名国内外知名专家组成了专家评选委员会，包括两院院士吴良镛先生，中国科学院院士齐康先生，中国工程院院士马国馨先生，中国工程院院士、中国工程设计大师程泰宁先生，新加坡市区重建局（URA）前局长刘太格先生，美国Lowertown公司总裁、美国华人"百人会"原副主席卢伟民先生，中国工程设计大师李高岚先生，沈阳九一八纪念馆馆长井晓光先生，侵华日军南京大屠杀遇难同胞纪念馆（简称"江东门纪念馆"）馆长朱成山先生等专家。吴良镛院士、齐康院士担任了专家评审委员会主任。

纪念馆扩建工程概念设计国际方案征集的参与单位和领衔人是国内外建筑界尤其是纪念馆建筑设计方面一流的专业团队和设计师，评选委员会委员也是具有相当专业造诣和素养的专家。

这次国际方案征集，无论是设计单位的阵容，还是评选专家的阵容都是十分强大的，参加方案征集设计和评选的中国科学院、中国工程院院士达7人之多，征集方案体现了我国建筑学学科的发展水平，体现了国际一流的专业水准。

为使扩建工程方案设计的过程变成铭记历史、向往和平、进行青年爱国主义教育的过程，南京规划委员会和《世界建筑》杂志社同步组织了侵华日军南京大屠杀遇难同胞纪念馆扩建工程概念设计大学生方案竞赛，邀请了清华大学建筑学院、天津大学建筑学院、同济大学建筑与城市规划学院、华南理工大学建筑学院、重庆大学建筑城规学院、哈尔滨工业大学建筑学院、东南大学建筑学院、南京大学建筑研究所、南京工业大学建筑与城市规划学院等9所院校建筑专业的研究生、本科生参加。9所院校共有111个设计小组按竞赛文件规定提交了竞赛方案。9所院校的建筑学院（系）主任或受

委托教授参加了评选。大学生方案竞赛是对大屠杀事件的隆重纪念，也是对国内大学建筑学教育和爱国主义教育的双重检阅。

在扩建工程概念设计国际方案征集评选基础上，扩建工程由评选方案第一名获得单位华南理工大学建筑学院继续在何镜堂院士领衔下，按照专家评选意见深化形成实施方案。

在侵华日军南京大屠杀这一骇人听闻的世界惨案发生后的70周年，我们将上述两个活动的成果以《侵华日军南京大屠杀遇难同胞纪念馆规划设计扩建工程概念方案国际征集作品集》和《侵华日军南京大屠杀遇难同胞纪念馆规划设计扩建工程概念方案大学生竞赛作品集》结集出版，一是为了深刻铭记历史，二是真实记录当代建筑师对历史的反思和对未来的思考。

历史将永远记住侵华日军南京大屠杀这一事件，纪念馆将成为这一历史事件的"石头史书"。

目录

1.1 侵华日军南京大屠杀历史事件简介

南京大屠杀是第二次世界大战史上三大惨案之一，在国际上具有重大影响。

1937 年 12 月 13 日，侵华日军攻占了当时中国的首都南京。为用"武力"迫使中国人民"畏服"，征服中国政府和人民的抗日意志，侵华日军采用极其野蛮的手段，对和平居民及解除武装的中国军人进行了长达 6 个星期的血腥屠杀。在南京下关江边、草鞋峡、煤炭港、上新河、燕子矶、汉中门外、中华门外花神庙等地制造了多起集体屠杀事件。同时，无论城外还是城内，无论主要干道还是偏僻小巷，无论军政机关还是居民住宅，都成了日军分散屠杀的场所。日军屠杀南京人民的手段层出不穷，主要有砍头、刺杀、枪击、活埋、火烧等。这场大屠杀的受害者，大多是无辜的工人、农民、商人和一般市民，也有 9 万多名是放下武器的中国士兵和警察；甚至慈悲为怀的僧尼和天真无邪的孩童也不能幸免。屠杀之后，日军又采用抛尸入江、火化焚烧、集中掩埋等手段，毁尸灭迹。

日军在南京城乡实施了大规模纵火焚烧。在日军军官指挥下，一队队日军手持火把，在街巷横冲直撞，将房屋一座接一座点火燃烧。从城南中华门至城北下关江边，遍地大火，烈烟长腾，受害最严重的是城南和下关人口稠密的居民区和商业区。南京主要商业街道、繁华的太平路房屋被烧毁 90%。中华路北段内桥至三山街口，尽为废墟；南段三山街至中华门则隔两三家即有瓦砾一片，房屋被烧毁 70%。著名的夫子庙被日军烧毁，大成殿荡然无存。周围的金粉楼台、老字号商店如奇芳阁、六凤居、得月楼等都化作焦土。下关江边中山码头、首都码头、三北码头、招商码头等悉遭焚毁。

侵占南京的日军，对一切财物表现出强盗般的贪婪。一切抢劫活动，都是在日军军官的指挥或默许下进行的。日军三五成群，闯入民宅，挨家搜索，翻箱倒笼，稍值钱的家什，或完好的衣服被褥，均被抢去。田伯烈《外人目睹中之日军暴行》一书转引一位留京外侨给友人信称"京城所有的私人住宅，不论是被占领的，或未被占领的，大的或小的，中国人或外侨人的，都蒙日军光顾，劫掠一空。"从 1937 年底到 1938 年的一段时间里，每天都有大量的卡车络绎不绝地把掠来的器物运到下关，装上火车、轮船，转运至日本国内。

日军还大肆地强奸、轮奸中国妇女。残暴的日本兵在日本当局和军官的纵容下，经常是三五成群地在南京城内外四处乱窜，寻觅、抓捕妇女，发泄兽欲。上自七八十岁的老妪，下至八九岁的幼女，甚至孕妇，只要被日军抓住，无一幸免。有的一夜要被强奸数十次。日军强奸妇女，不管是白天还是夜晚，也不管居何处，住宅、校舍、图书馆、办公室、门房、仓库、宗教场所、街头巷尾等等，均成为日军施暴的地方。避入安全区的妇女也不能逃脱。日军凌辱妇女之后，还灭绝人性地用刺刀将被奸女子的乳房割下，露出惨白肋骨；后用刺刀戳穿其下部，摔在路旁，任其惨痛呼号；或用木棍、芦管、酒瓶等物塞入其阴户，然后再予杀害。

战后，为清算日本战争责任问题，同盟国组织成立了东京远东国际军事法庭，对南京大屠杀专案审理。在大量的事实及充分的证据下，认定"南京大屠杀是一场有组织、有计划、有预谋的罪恶行动，"并最终判定："南京大屠杀遇难人数达 20 万以上，这个数字不包含被日军抛尸长江、挖坑掩埋和被毁的尸体在内。"

1946 年 2 月，中国南京军事法庭查证：日军集体大屠杀 28 案，被害人数达 19 万人，零散屠杀 858 案，尸体经过掩埋达 15 万人。日军在南京进行了长达 6 个星期的大屠杀，中国军民遇难人数达 30 余万。南京大屠杀惨绝人寰，是二战史上的三个最大惨案之一，也是现代世界文明史上最为黑暗的一页。

1.2 方案征集的背景

侵华日军南京大屠杀遇难同胞纪念馆（以下简称"纪念馆"）于1985年建立于南京大屠杀现场之一的江东门"万人坑"之上，是一座记载中华民族耻辱和苦难的纪念馆，也是表达中国人民反对战争、爱好和平的重要窗口。

现纪念馆是中国第一座抗战史系列的纪念馆。由中国著名建筑师、中国科学院院士齐康教授主持设计。纪念馆一期工程由于塑造了震撼人心的场所精神而成为当代中国建筑史上的杰作，荣获"中国八十年代十大优秀建筑设计奖"，并被评为"中国九十年代环境艺术设计十佳"。

纪念馆现占地仅为22000m²（约33亩），总建筑面积为2500m²。建馆以来，纪念馆在国内外的影响不断扩大，已成为全国爱国主义教育示范基地和国际和平交流的重要场所，先后接待1400余万海内外观众。2004年3月1日起，纪念馆在全国率先免费开放，当年即接待观众达114万人次。随着纪念馆国际地位的日渐提高和影响力的逐步扩大，纪念馆现有设施条件已不能适应接待和科研活动的需求，与南京大屠杀事件在国际上的影响力极不相称，不利于更好地发挥其对内教育、对外宣传的作用。

这一状况得到了社会各界的高度关注。近年来，中央外宣办、中国社科院等中央有关部门的负责同志，许多海外华人华侨、南京大屠杀幸存者和遇难者遗属、国内多所著名高校的专家学者建议应扩大规模，提升水平。全国政协40多位委员在九届一次、二次会议上也联名提案要求扩建该馆。

为纪念中国人民抗日战争胜利60周年，纪念侵华日军南京大屠杀30万同胞遇难70周年，江苏省委、省人民政府研究决定，并由国家批准立项实施纪念馆扩建工程。

为使建成后的纪念馆更好地成为铭记历史的载体，扩建工程概念设计决定采取国际方案征集的方式。受南京市政府委托，南京市规划局承担了纪念馆扩建工程概念设计国际方案征集的组织工作。原纪念馆设计者齐康院士应邀担当了扩建工程方案设计的总顾问。

1.3 方案征集设计任务书简介

1.3.1 项目区位

项目与原纪念馆相连，位于侵华日军南京江东门集体屠杀和遇难同胞"万人坑"遗址之上，该遗址位于南京主城河西新城区。河西新城区是南京市总体规划确定的近期建设重点地区，总占地 56km²。场馆纪念馆扩建工程所处地为河西新城区的中部地段，离"中华人民共和国第十届全国运动会"主场馆奥体中心仅 2km。

1.3.2 基地条件要求

1 纪念馆扩建范围位于江东北路、水西门大街和茶亭东街围合范围以内，拟扩建工程位于现有纪念馆东、西两侧，扩建后共有用地 74000m²（约 111 亩），其中新征用地 52000m²（约 78 亩）。

2 现状纪念馆为齐康院士于 1984 年设计，此后又经历了两次增建，现状纪念馆总平面图及参观流线图参见《齐康建筑设计作品系列——侵华日军南京大屠杀遇难同胞纪念馆》。

3 纪念馆周边为低矮民房及部分企、事业单位。在纪念馆扩建过程中，与纪念馆主题无关的内容将全面调整。

4 经四东路将从地下穿越基地，在江东路和水西门大街下有规划地铁线路。

5 侵华日军南京大屠杀江东门丛葬地是江苏省文保单位，现有场馆在"万人坑"遗址旁。

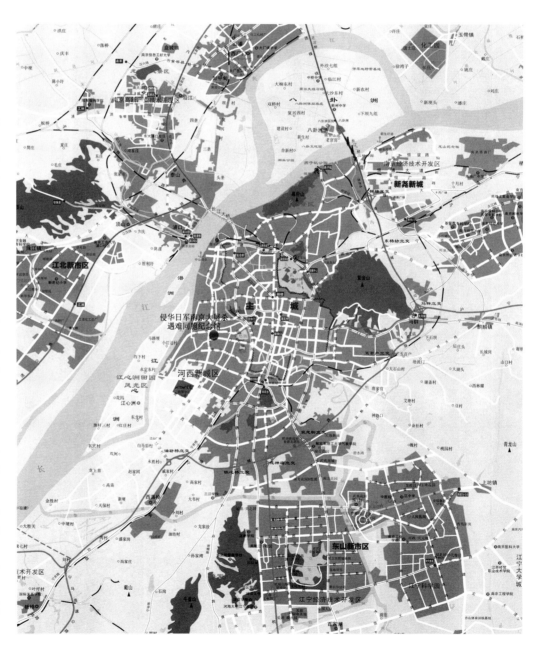

1.3.3 设计目标和要求

1 突出"历史、和平、开放、未来"的主题，满足纪念馆的功能要求。

2 项目定位：是侵华日军南京大屠杀的重要遗址，是爱国主义教育的重要基地，是世界著名的战争灾难纪念馆。

3 各类场馆面积要求：

纪念馆扩建后建筑面积为22500m²，其中新增：

☐ 展览陈列面积7300m²；

☐ 馆藏交流面积5800m²；

☐ 机房及停车面积5200m²；

☐ 纪念塔（碑）1700m²。

（上述面积包括各类地下空间，鼓励充分利用地下空间。）

其他技术指标：

☐ 展馆同时最大容量2000人；

☐ 广场同时最大集会容量10000人；

☐ 停车位：地上大客车位25个；

☐ 停车位：地下标准车位167个。

设计应保证项目建设在投资造价预算框架之内进行。

4 成果构成

设计成果应包括基地总体设计、建筑单体设计、室外环境设计、重要节点、标志物等详细设计、室内设计及布展意向等内容。

包含上述所有图件内容及必要文字说明的彩色汇报展示图纸一套两张，规格为A0（1189mm×841mm），内容及深度符合上述具体要求。

1.3.4 方案评选规则

方案评选由南京规划委员会组织，专家评选委员会由13名著名的城市规划师、建筑师及有关专家组成。方案评选采用不记名投票方式，每位专家可投不多于3票，参评的有效方案按得票高低排名。计票数超过半数以上的前三名将为优秀方案，条件不具备时优秀方案可以空缺。南京市公证处监督评选全过程，并出具公证书。

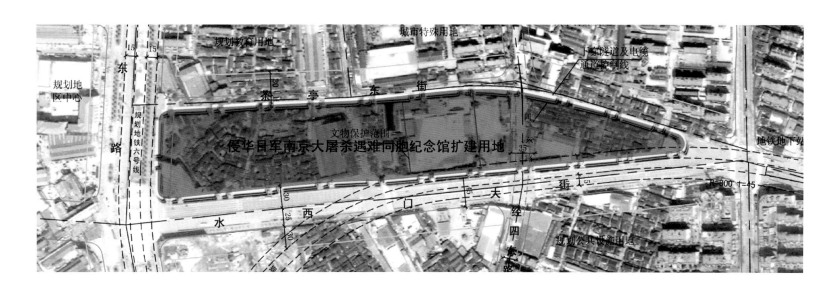

1.4 方案征集组织和评选

纪念馆扩建工程概念设计国际方案征集和大学生方案竞赛经前期认真准备，于 2005 年 4 月 20 日正式召开发布会。

国际方案征集一共邀请了 12 家国内外知名的设计单位参与。国内设计单位 9 家，其中 8 家是全国排名前列的建筑院校，分别是清华大学建筑学院、天津大学建筑学院、同济大学建筑与城市规划学院、东南大学建筑学院、华南理工大学建筑学院、重庆大学建筑城规学院、哈尔滨工业大学建筑学院、南京大学建筑研究所，各高校对本次征集活动投入了极大的精力，并推荐代表本校最高水平的教授专家参与本次方案征集活动，如华南理工大学推荐了中国工程院院士何镜堂先生、天津大学推荐了中国科学院院士彭一刚先生、同济大学推荐了中国工程院院士戴复东先生；另外一家国内设计机构是深圳市建筑设计研究总院，由该院副院长、总建筑师孟建民先生领衔设计。境外设计单位 3 家，分别是：美国的 Steven Holl Architects、英国的 David Chipperfield Architects、法国的 AS 建筑工作室，其中 Steven Holl 先生被美国《时代》周刊评为美国最好的建筑师，是当今国际新一代建筑大师中的代表人物，David Chipperfield 公司完成了包括柏林博物馆扩建工程在内的许多重大项目，AS 建筑工作室完成了诺曼底登陆纪念馆在内的许多重大设计项目。

经过两个月的辛勤工作，上述 12 家设计单位按征集文件要求，如期提交了高质量的方案

征集成果。

2005 年 6 月 26 日至 6 月 28 日南京规划委员会组织了纪念馆扩建工程概念设计国际方案征集专家评选，按事先约定的评选规则，邀请了 13 名国内外知名专家组成了专家评选委员会，包括两院院士吴良镛先生，中国科学院院士齐康先生，中国工程院院士马国馨先生，中国工程院院士、中国工程设计大师程泰宁先生，新加坡市区重建局（URA）前局长刘太格先生，美国 Lowertown 公司总裁、美国华人"百人会"原副主席卢伟民先生，中国工程设计大师李高岚先生，沈阳九一八纪念馆馆长井晓光先生，江东门纪念馆馆长朱成山先生等专家。吴良镛院士、齐康院士担任了专家评审委员会主任。

专家委员会遵循公平、公正、公开的原则，按照征集文件的要求对应征成果进行了评选，经过三轮无记名投票，评选出了排名前三名的方案，第一名为 4 号方案（华南理工大学建筑学院提交），第二名为 2 号方案（David chipperfield Architects 提交），第三名为 7 号方案（清华大学建筑学院提交）。其中，4 号方案和 2 号方案得票超过专家委员会人员半数，为优秀方案。

南京规划委员会和《世界建筑》杂志社同期同步组织了侵华日军南京大屠杀遇难同胞纪念馆扩建工程概念设计大学生方案竞赛。（另见《侵华日军南京大屠杀遇难同胞纪念馆规划设计扩建工程概念方案大学生竞赛作品集》）

评选专家简介

主任委员

中国科学院与中国工程院院士，国际建筑师协会（UIA）副主席，世界人类聚居学会（WSE）主席，俄罗斯建筑与建设科学院外籍院士，国际建协第20次会科学委员会主席，清华大学教授

吴良镛

主任委员

中国科学院院士，法国建筑科学院外籍院士，东南大学教授

齐　康

秘书长

南京规划委员会技术专家咨询委员会副主任，高级规划师

苏则民

专家组成员

中国工程院院士，北京市建筑设计研究院常务副总建筑师，教授级高级建筑师

马国馨

前新加坡市区重建局(URA)局长，新加坡雅思柏事务所董事，建筑师，新加坡国家艺术委员会主席，南京市政府城市规划顾问，北京市政府城市规划顾问

刘太格

美国Lowertown公司总裁，城市规划师，美国华人"百人会"原副主席，中美关系国家委员会顾问，美国房屋和城市发展部中国交流计划顾问，北京市政府城市规划顾问，曾获美国总统设计奖，MIT、哈佛大学、东京大学访问教授

卢伟民

中国工程院院士，中国工程设计大师、现任中国联合工程公司总建筑师，浙江大学求是讲座教授

程泰宁

中国工程设计大师，江苏省建筑设计院顾问总建筑师

李高岚

沈阳九一八纪念馆馆长，副研究员

井晓光

原南京市规划局总建筑师，高级建筑师

王汉屏

中华人民共和国国家外国专家局外籍专家，美国建筑师学会副会员，东南大学建筑学院教授，现任东南大学建筑设计研究院顾问总建筑师

高民权

江东门纪念馆馆长，南京和平研究所所长，研究员

朱成山

中国美术学院设计学部，教授

王　澍

1.5 专家评选报告

1.5.1 总体评价及评选结果

2005 年 6 月 26 日至 28 日，南京规划委员会在南京国际会议大酒店组织了侵华日军南京大屠杀遇难同胞纪念馆扩建工程概念设计国际方案征集专家评选，两院院士吴良镛先生，中国科学院院士齐康先生，中国工程院院士马国馨先生，新加坡市区重建局（URA）前局长刘太格先生，美国 Lowertown 公司总裁、美国华人"百人会"原副主席卢伟民先生，中国工程院院士、中国工程设计大师程泰宁先生，中国工程设计大师李高岚先生等 13 位专家组成了专家委员会。

专家们推选吴良镛、齐康两位先生为评选委员会主任。江苏省委常委、南京市委书记罗志军先生会见了与会专家。市委副书记缪合林先生、市委宣传部部长叶皓先生、市规划局局长周岚女士、城建集团董事长薛乐群先生及市

有关部门人员参加了会议。专家委员会在踏勘现场、听取方案介绍、审阅设计文件后，进行了认真评议，采用无记名投票方式评选了优秀方案，并提出了扩建工程深化设计及实施的有关建议。现将评选情况综述如下：

1 南京大屠杀是第二次世界大战史上特大惨案之一。在纪念世界反法西斯战争胜利 60 周年和抗日战争胜利 60 周年之际，中央批准并拨专款对现有侵华日军南京大屠杀遇难同胞纪念馆进行扩建，高瞻远瞩，具有深远意义。

2 在这次扩建工程概念设计方案征集中，组织单位进行了专业、周密、高效的组织，取得了良好的效果。

3 12 家应征的设计单位对扩建工程概念设计方案征集活动高度重视，进行了认真的思考和工作，提供的作品总体上达到了较高水平。

1.5.2 纪念馆扩建工程设计原则

评选委员会认为，该纪念馆扩建工程设计方案应遵循以下原则：

1 突出意境的创造，塑造圣地感，"大象无形、大音希声"。要准确把握该纪念馆的特性，追求 "独与天地精神往来"的中华文化传统。通过悼念亡灵、冥思未来，达到"历史、和平、开放、未来"的主题。

2 处理好与一期工程的关系。一期工程在揭露史实、场所精神塑造等方面均极为成功，在建筑史上具有很高的地位。扩建工程应充分尊重一期工程，在流线、空间、建筑形体等方面处理好与老馆的关系。

3 突出遗址性。位于一期工程范围内的"万人坑"遗址是重要的史实，是本纪念馆参观流线的高潮点，设计立意要注重对史实、遗迹的保护和展示，避免将扩建工程设计成以大屠杀为主题的主题公园。

4 营造整体、简洁、宁静、肃穆的环境氛围。处理好与周边城市环境的关系，形成不受干扰的相对独立的纪念馆场所空间，充分考虑参观者的情绪的过渡和酝酿，形成凝思空间。

5 合理进行交通组织。合理组织内外交通，应按照整体流线来设置参观路线，并符合人的情绪特征，应与一般的景点参观流线有所不同。

6 综合处理纪念馆建筑的内容与形式表达。一是纪念馆设计应与纪念馆陈列设计同步进行，确保满足本纪念馆特有的展示、保护、研究等功能要求；二是要综合运用建筑、雕塑、环境艺术、音乐等艺术手法，处理好相互之间的关系；三是避免与世界同类纪念性建筑的构思与手法的雷同。

7 符合建筑的经济性。既要满足扩建工程的投资控制，又要充分考虑今后布展及运营的经济性，便于纪念馆的使用管理。

1.5.3 前三名方案的主要优点及修改建议

1 4号方案主要有以下优点：

方案对该纪念馆整体意向和特点特性把握准确；考虑周全，手法成熟，实施性较好；扩建部分及庭院处理与整体尺度协调，比例恰当，造型有纪念性；与现有纪念馆一期工程在造型、流线等方面关系处理较好；较好地处理了与周边环境的关系；高墙的设计创造了宁静的悼念空间，冥想厅创造了良好的纪念氛围，集会广场处理手法巧妙；留有较大的庭院，有发展的余地；展厅集中，易于布展。

建议改进方向为：

南侧的主入口建议应再作调整，考虑设置港湾停车和集散广场，以满足人流等交通组织需求；纪念碑的设置要慎重，风格应再研究，避免雷同；整体形象处理可更简洁、朴实；庭院南侧开敞空间要考虑管理要求；东端尖角部分的高度和形式再作进一步斟酌。

2 2号方案主要有以下优点：

对作为"平民遇难地"的纪念馆的特性有较好把握，意境较高；将扩建建筑设于地下，地面设置大片树林和水面，构思巧妙，处理手法纯净、简练，具有很强的感染力，跳出了传统的纪念馆处理思路；纪念馆一期得到了充分的尊重和衬托；流线简洁，易于组织参观和展览。

建议改进方向为：

该方案较好地表现了该历史事件悲惨意境，但还应强化精神升华主题的表达；主体建筑置于地下，与一般人的心理预期有差距；在功能、采光和通风、流线等建筑空间处理方面需再深化完善，处理好采光和通风等需求；流线较长，嵌入地下的凹槽形空间尺度值得推敲；应充分考虑地面开敞空间的使用管理问题。

3 7号方案主要有以下优点：

方案对该纪念馆整体意向和特点特性把握比较准确；设计手法成熟，建筑处理朴实，尺度宜人；通过围合庭院的处理，形成了相对完整的内部环境，起到了酝酿情绪的作用。

建议改进方向为：

西北侧庭院围合可增加通透性，进一步斟酌主体建筑与一期工程的空间。

1.5.4 对下一步工作的意见和建议

1 建议有关部门抓紧开展纪念馆内部布展的研究与设计，做好展览准备，以便在建筑设计方案深化中与之衔接。

2 要综合运用展览、雕塑、书法、音乐等其他形式尤其是中国文化综合表达场所精神，在陈列、展示中要充分利用现代科学技术手段；建议雕塑等艺术工作者和陈列展示等方面的科技工作人员者应及早介入。

3 在扩建中，要对一期工程加强维护，对二期扩建部分可根据本次扩建工程方案进行改造和完善。

4 由于南京大屠杀事件的深远影响和特定意义，纪念馆扩建工程将因此成为具有全国和世界意义的重要建筑，在实施中必须慎重对待，确保设计和施工周期。

侵华日军南京大屠杀遇难同胞纪念馆扩建工程概念设计国际方案征集

评选会专家签名表

姓　名	单　位	职务和职称	签　名
吴良镛	清华大学建筑学院	中国科学院院士、中国工程院院士、清华大学建筑学院教授	
齐　康	东南大学建筑学院	中国科学院院士、东南大学建筑学院教授	
马国馨	北京市建筑设计研究院	中国工程院院士、教授级高级建筑师	
刘太格	新加坡雅思柏事务所	南京市政府城市规划顾问，新加坡雅思柏事务所董事	
卢伟民	美国 Lowertown 公司	北京市政府城市规划顾问，美国 Lowertown 公司总裁	
程泰宁	中国联合工程公司	中国工程设计大师、中国联合工程公司总建筑师	
李高岚	江苏省建筑设计院	中国工程设计大师、江苏省建筑设计院顾问总建筑师	
苏则民	南京规划委员会	高级规划师，南京规划委员会副主任	
井晓光	九.一八纪念馆	副研究员，沈阳九.一八纪念馆馆长	
王汉屏	南京市规划局	高级建筑师，原南京市规划局总建筑师	
高民权	东南大学建筑学院	美国建筑师学会副会员，东南大学建筑学院教授，东南大学建筑设计研究院顾问总建筑师	
朱成山	江东门纪念馆	研究员，江东门纪念馆馆长	
王澍	中国美术学院	中国美术学院设计学部 教授	

1、建议有关部门抓紧开展纪念馆内部布展的研究与设计，做好展览准备，以便在建筑设计方案深化中与之衔接。

2、要综合运用展览、雕塑、书法、音乐等其他形式尤其是中国文化综合表达所精神，在陈列、展示中要充分利用现代科学技术手段；建议雕塑等艺术工作者和陈列展示等方面的科技工作人员者应及早介入。

3、在扩建中，要对一期工程加强维护，对二期扩建部分可根据本次扩建工程方案进行改造和完善。

4、由于南京大屠杀事件的深远影响和特定意义，纪念馆扩建工程将因此成为具有全国和世界意义的重要建筑，在实施中必须慎重对待，确保设计和施工周期。

评选委员会　主任（签字）：

评选委员会　主任（签字）：

2005 年 6 月 28 日

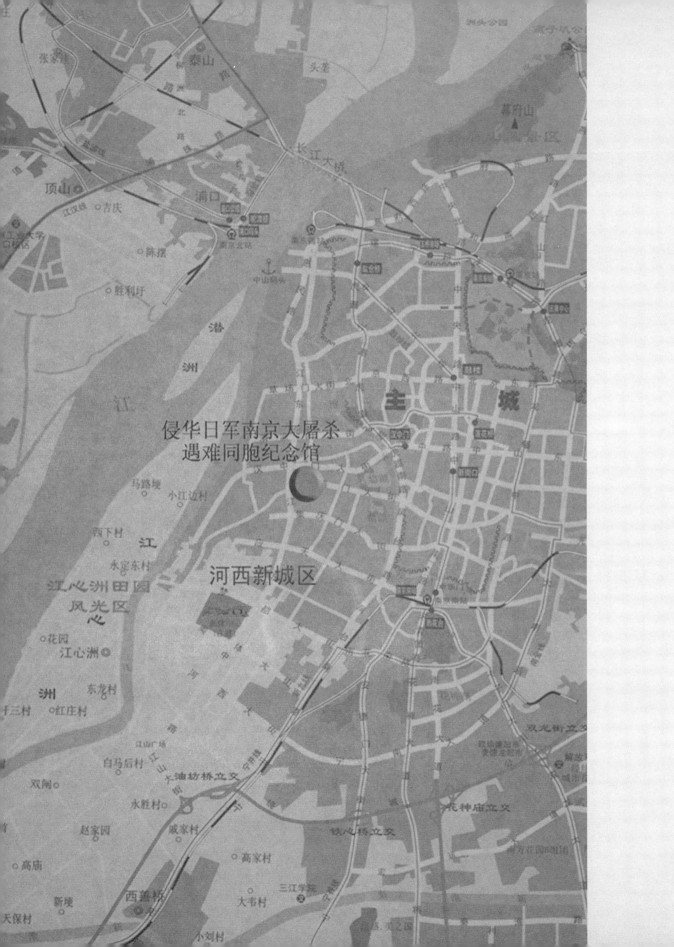

优秀奖第一名

华南理工大学建筑学院

提交作品

主创设计师
何镜堂

中国工程院院士，华南理工大学建筑学院教授、博士生导师，国家大剧院专家组成员

节点一：死亡之庭

节点二：碑林

节点三：烛之路——冥想厅

方案概述

　　该方案将扩建后的纪念馆定位为一个为纪念重大历史事件而设立的遗址博物馆，在这一类型的纪念建筑中，其遗址部分应该是重点突出的主题和参观序列的高潮，所以方案将原有纪念馆院落中发掘出的"万人坑"遗址作为参观序列的高潮和重点。

　　该方案尊重原有建筑，通过统一的尺度、连贯的空间流线、统一的秩序和统一的空间意境塑造了特定的场所精神。方案将新建展览馆设计在用地东侧，通过过渡展场与老馆有机联系，用地西侧是和平广场，和纪念馆之间利用长条形的水池进行衔接。设计中，办公、研究馆等辅助空间被设置在场地北侧，既与纪念馆保持联系又相对独立。该方案建筑形式处理简洁有力，同时强调丰富的细部设计，通过高墙、死亡之庭、碑林、烛之路等节点的设计增强建筑的感染力，唤起参观者对纪念主题的回忆。

　　纪念馆整体意向和特点特性把握准确，手法成熟，实施性较好，扩建部分及庭院处理与整体尺度协调，比例恰当，造型有纪念性。方案与现有纪念馆一期工程在造型、流线等方面关系处理较好；较好地处理了与周边环境的关系，高墙的设计创造了宁静的悼念空间；冥想厅创造了良好的纪念氛围；集会广场处理手法巧妙。

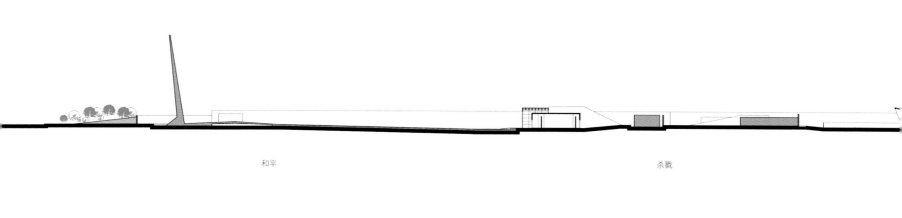

和平   杀戮

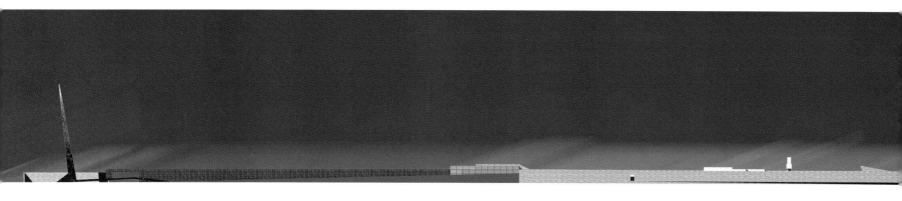

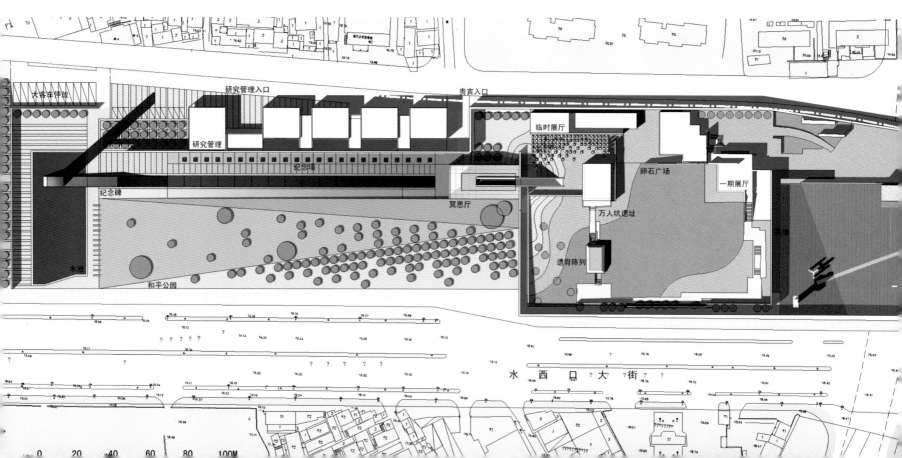

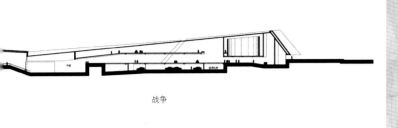

战争

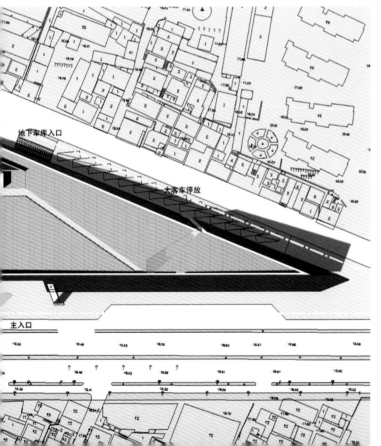

地下车库入口

大客车停放

主入口

断刀

地形狭长，形似弯刀。在设计中我们以"军刀"象征日本帝国主义在中国犯下的滔天罪行，以掩埋在土中的折断的军刀隐喻正义战胜邪恶，象征着中华民族通过艰苦卓绝的奋斗终于战胜强敌，将侵略者送上历史的审判席。

死亡之庭

原有建筑以围合的庭院、院中的砾石与枯树象征死亡，唤醒人们对这块土地上发生的悲惨历史的记忆。

铸剑为犁

纪念碑黑色花岗石基座生长于大地，透明水晶体顶端消失于空中，为那冤死的亡灵铺就通天之路。

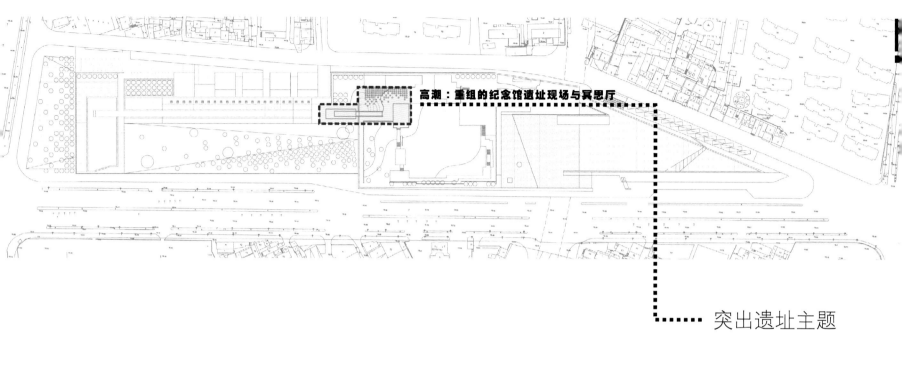

高潮：重组的纪念馆遗址现场与冥思厅

突出遗址主题

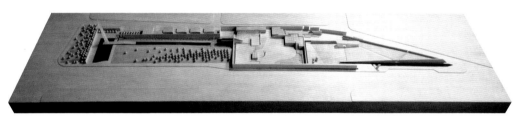

扩建后的纪念馆整体是一个为纪念重大历史事件而设立的遗址博物馆，在这一类型的纪念建筑中，其遗址部分应该是重点突出的主题和参观序列的高潮所在。许多著名的以遗址为主体的纪念建筑在设计上均有这样的特点。例如：广州西汉南越王墓博物馆、西安兵马俑博物馆、纽约世贸遗址纪念馆方案等等。

原有纪念馆院落中发掘出的"万人坑"遗址应该成为参观序列的高潮和重点。

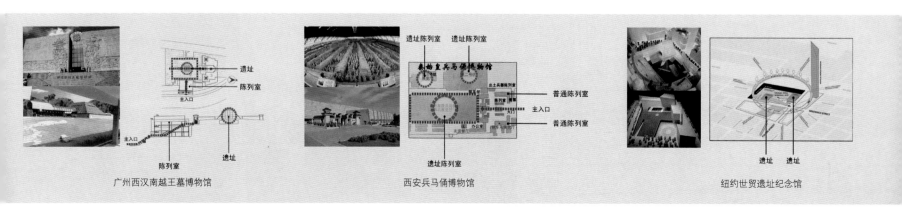

广州西汉南越王墓博物馆　　　　　西安兵马俑博物馆　　　　　纽约世贸遗址纪念馆

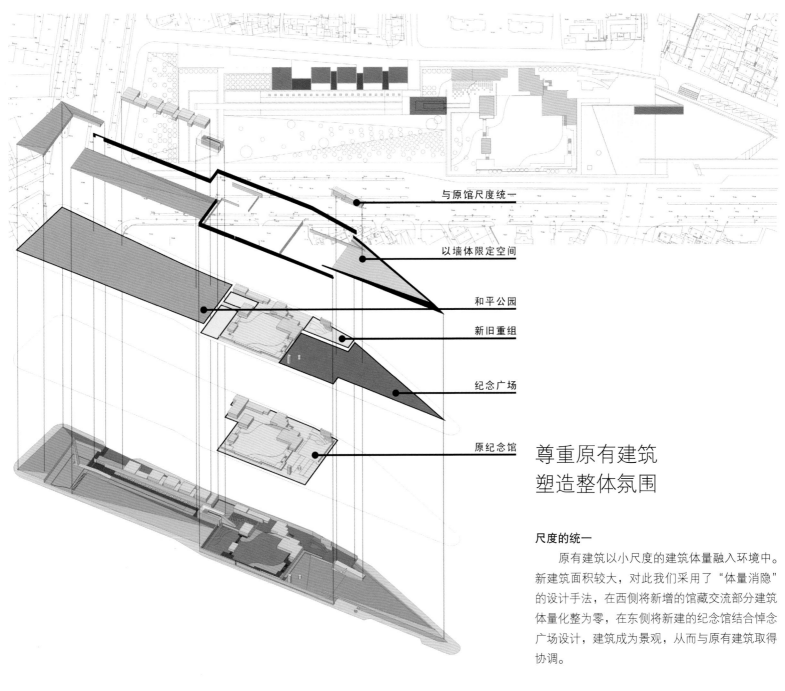

与原馆尺度统一

以墙体限定空间

和平公园

新旧重组

纪念广场

原纪念馆

尊重原有建筑
塑造整体氛围

尺度的统一

　　原有建筑以小尺度的建筑体量融入环境中。新建筑面积较大，对此我们采用了"体量消隐"的设计手法，在西侧将新增的馆藏交流部分建筑体量化整为零，在东侧将新建的纪念馆结合悼念广场设计，建筑成为景观，从而与原有建筑取得协调。

空间流线的连贯

　　布局上将新建纪念馆置于原有建筑东侧，纪念公园和研究部分置于原有建筑西侧，流线设计上将原有建筑与新建部分整体串联起来，使原有建筑成为参观过程的重要组成部分。

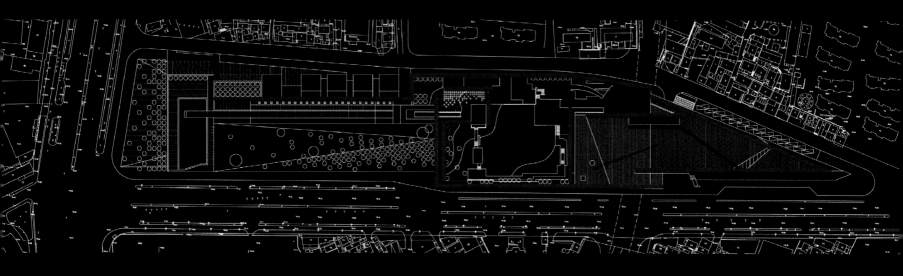

叙事的场所　　　　　墙

惨绝人寰的杀戮虽然已经成为历史，但大地会记得无辜遇难者的悲愤和深埋地下的累累白骨的哭诉。

断垣残壁、累累弹孔正是那场空前灾难的记忆载体。在入口广场，在新建纪念馆的两侧，在纪念公园的水池旁，我们都设计了长长的墙体。这些墙体或以文字，或以浮雕，或以扭曲转折的形态，或以围合的绝望封闭的空间来无声诉说这块土地上发生过的悲剧故事，传递当年遇难者无处逃避的绝望心情。

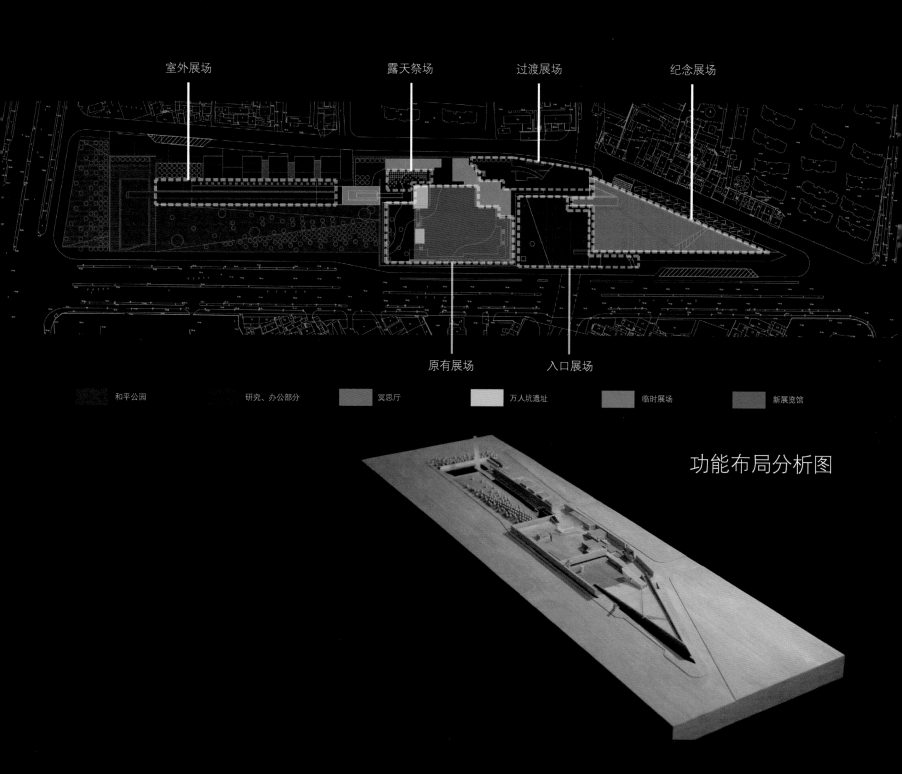

室外展场　　　露天祭场　　　过渡展场　　　纪念展场

原有展场　　　入口展场

和平公园　　　研究、办公部分　　　冥思厅　　　万人坑遗址　　　临时展场　　　新展览馆

功能布局分析图

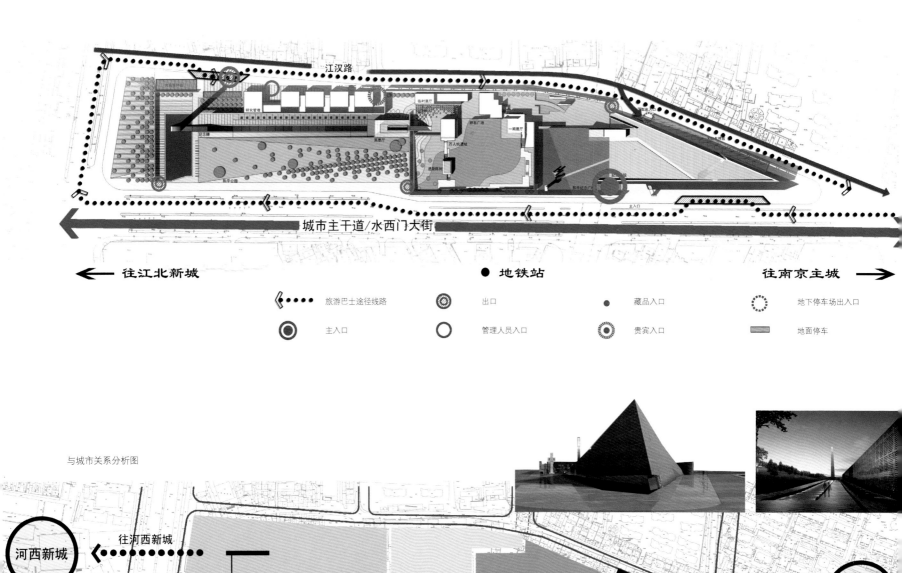

往江北新城   ● 地铁站   往南京主城

◀┅┅┅ 旅游巴士途径线路   ◎ 出口   ● 藏品入口   ◉ 地下停车场出入口

◉ 主入口   ○ 管理人员入口   ◉ 贵宾入口   ▭ 地面停车

与城市关系分析图

河西新城   往河西新城   往南京主城   南京主城

和平纪念碑   和平公园   遗址/旧馆   悼念广场/新展馆   纪念馆标志性建筑造型

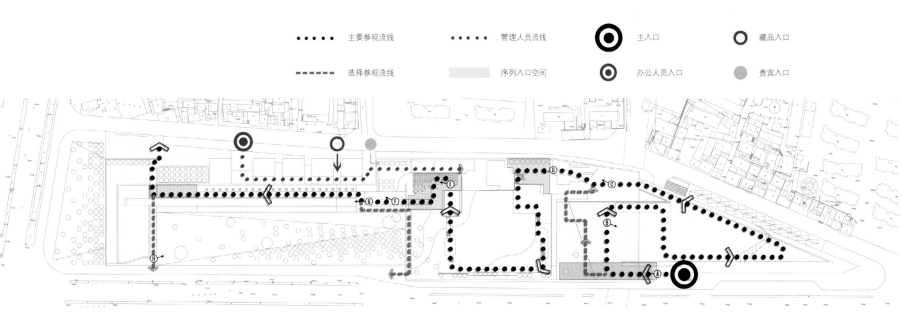

主要参观流线　　管理人员流线　　◉ 主入口　　◯ 藏品入口

选择参观流线　　序列入口空间　　◉ 办公人员入口　　● 贵宾入口

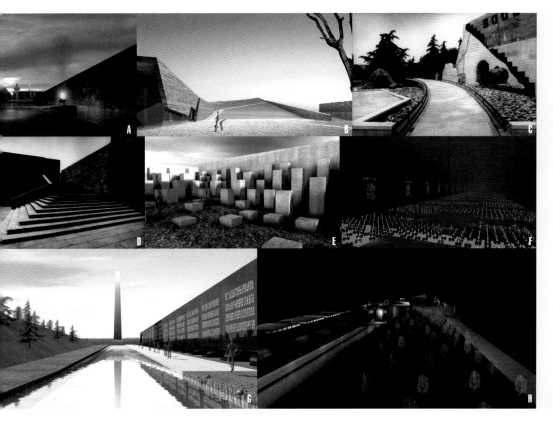

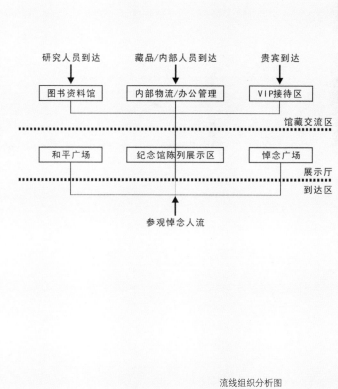

研究人员到达	藏品/内部人员到达	贵宾到达
图书资料馆	内部物流/办公管理	VIP接待区

馆藏交流区

| 和平广场 | 纪念馆陈列展示区 | 悼念广场 |

展示厅

到达区

参观悼念人流

流线组织分析图

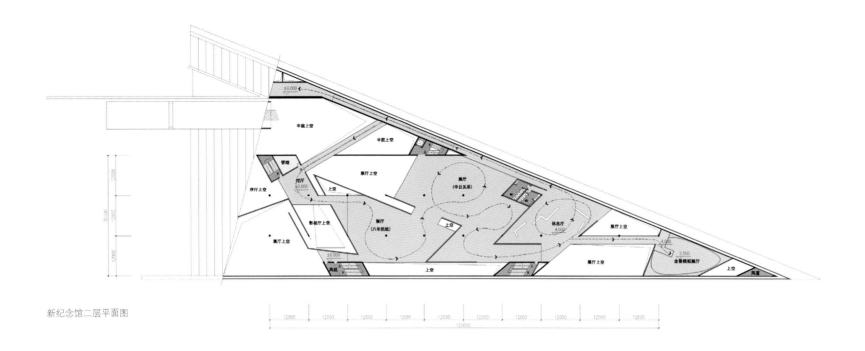

新纪念馆二层平面图

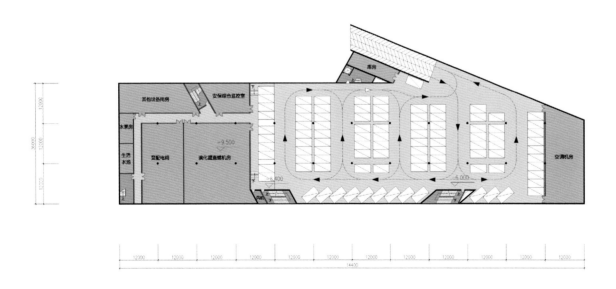

新纪念馆地下层平面图

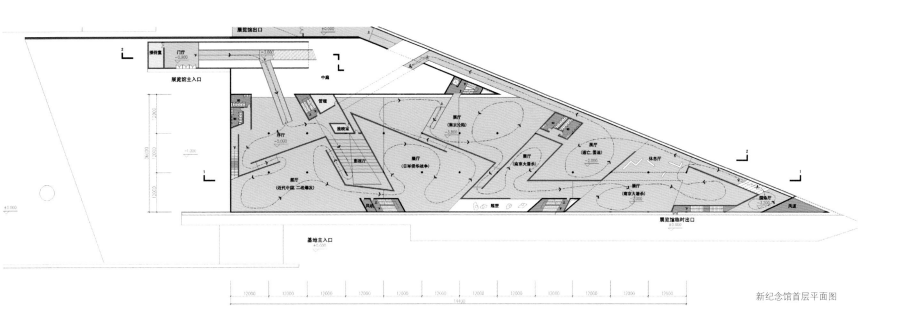

新纪念馆首层平面图

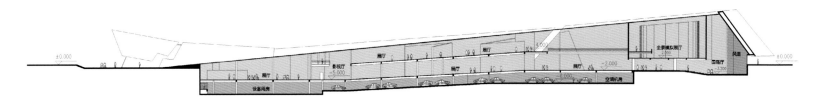

新纪念馆 1-1 剖面图

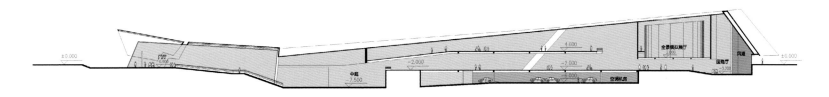

新纪念馆 2-2 剖面图

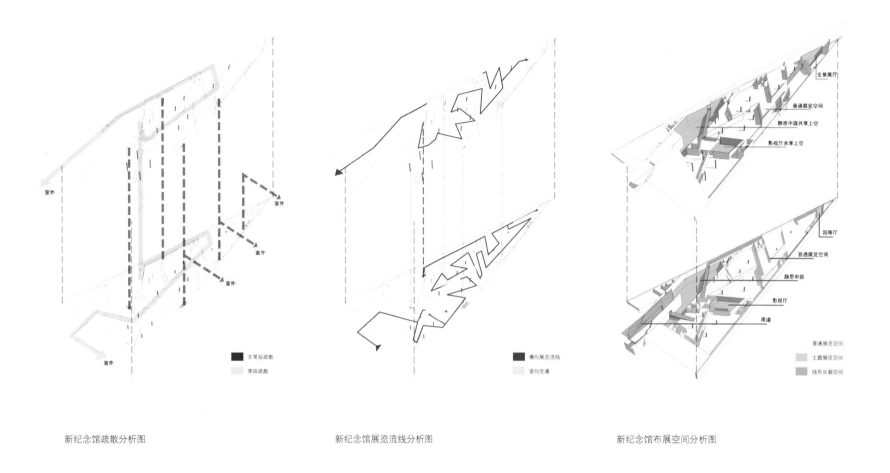

新纪念馆疏散分析图   新纪念馆展览流线分析图   新纪念馆布展空间分析图

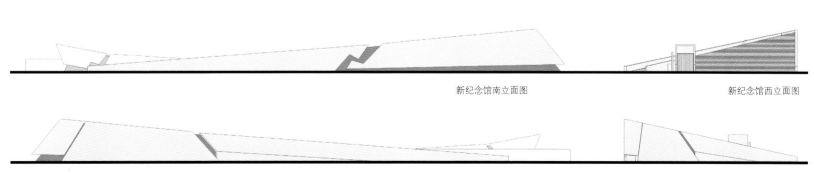

新纪念馆南立面图   新纪念馆西立面图

新纪念馆北立面图   新纪念馆东立面图

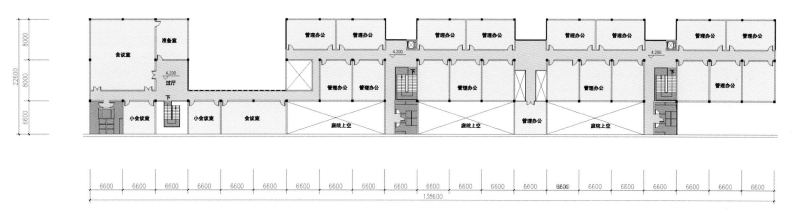

馆藏交流区二层平面图

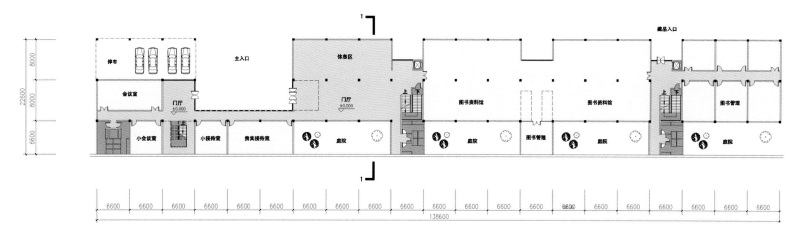

馆藏交流区首层平面图

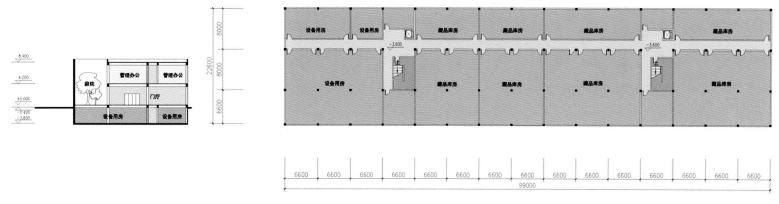

馆藏交流区 1-1 剖面图

馆藏交流区地下层平面图

300000

1937年12月，
日本侵略侵占南
京，进城后，对
无辜的居民放下
武器的中国士兵
进行了长达六个
多星期的血腥大
屠杀，其中集体
大屠杀达19万人
以上

优秀奖第二名

英国 David Chipperfield Architects

提交作品

主创设计师
David Chipperfield

英国的 David Chipperfield 先生主要从事建筑设
计、总体规划等设计。完成了包括柏林博物馆扩
建工程在内的许多重大项目，并赢得多项国际设
计大奖

方案概述

　　方案将"裂缝、水面、树林"等自然元素引入到建筑设计和场地设计当中，运用这些元素渲染了纪念气氛，很好地表达了"历史、和平、开放、未来"的主题。其中：基地内的裂缝隐喻历史的沉痛——大屠杀是一种无法形容的损失；切缝两边平静的水面寓意今天的和平——埋在地下的是大屠杀纪念馆的新馆；基地内成片的葱郁树林表达了对生与死的超越和对未来发展的美好展望——这片森林是发展、未来的象征。

　　专家认为该方案对作为"平民遇难地"的纪念馆的特性有较好的把握，意境较高。方案将扩建建筑设于地下，地面设置大片树林和水面，构思巧妙，处理手法纯净、简练，具有很强的感染力，跳出了传统的纪念馆处理思路。同时纪念馆一期得到了充分的尊重和衬托，流线简洁，易于组织参观和展览。

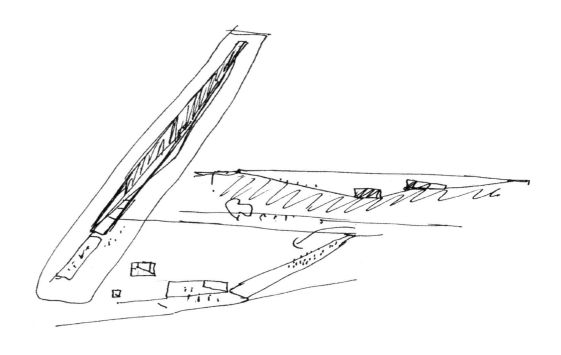

总体意向

建筑能否表现南京大屠杀无限的伤痛和无法形容的损失？当然很难。建筑是否可以回顾呢？当然可以，虽然这种回顾不会是很充分的，很准确的，但由于建筑具有相对永恒性，使回顾也具有一定永久性。很多时候建筑遗迹会是人类文明留给后人唯一的见证，建筑是历史文明的载体。的确，文字和图片比建筑更能精确地、客观无误地去描写过去，但世间万物都将随时间流逝而烟消云散，而建筑却有它相对永恒的魅力。

有的建筑可以同自然一样，无须理解内涵而直接感染人心。一旦建筑充分表现了这种感染力，它就会很有力，但同时也很容易受攻击，而且真正的内涵往往很容易被错误理解。尽管如此，我们还是试着设计一个类似大自然的、具有强烈感染力的方案。这里几乎没有建筑物，只有自然，因为设计的抽象。

大屠杀是一种无法形容的损失，所以设计手法采用的是减法，也就是说在地块上只是负向切入，而没有正向加建，切入地块的这条裂缝使历史、过去重见天日。

切缝两边平静的水面意味着和平的今天。埋在地下的是大屠杀纪念馆的新馆，游客的参观路线是围绕着切缝安排的。切缝的两侧立面是中间夹有铜丝网的玻璃幕墙。日光通过幕墙照入展馆呈微红色，使参观者随时感受到切缝的存在，使这里的展品与这段历史融为一体。展览会使参观者对这段残酷的历史有一个很客观的了解，而建筑是作为载体，为这段历史提供了一个抽象的、有强烈震撼力的入口。

在其余地面上种有大面积的树木，这片森林是发展、未来的象征。现有纪念馆虽然将森林分为两块，但通过切缝又使之连为一体。三座越过切缝上的桥重新连接了老馆的参观路线，另加的一座楼梯使新旧两馆连为一体。

总体模型

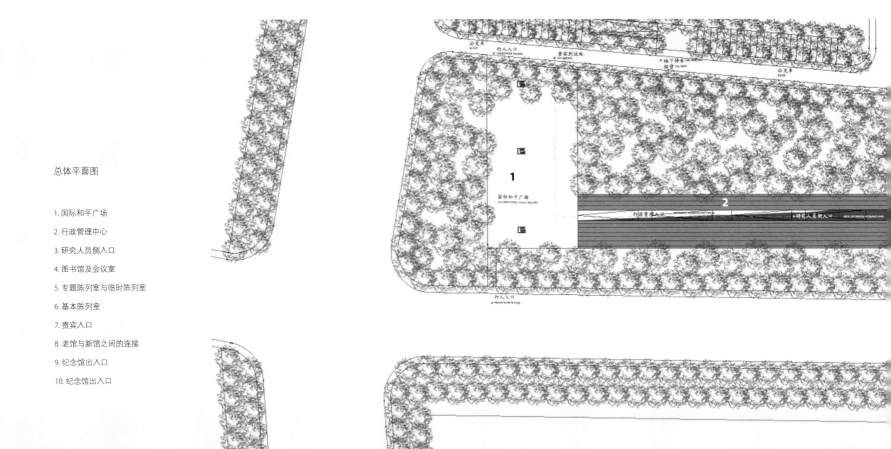

总体平面图

1. 国际和平广场

2. 行政管理中心

3. 研究人员侧入口

4. 图书馆及会议室

5. 专题陈列室与临时陈列室

6. 基本陈列室

7. 贵宾入口

8. 老馆与新馆之间的连接

9. 纪念馆出入口

10. 纪念馆出入口

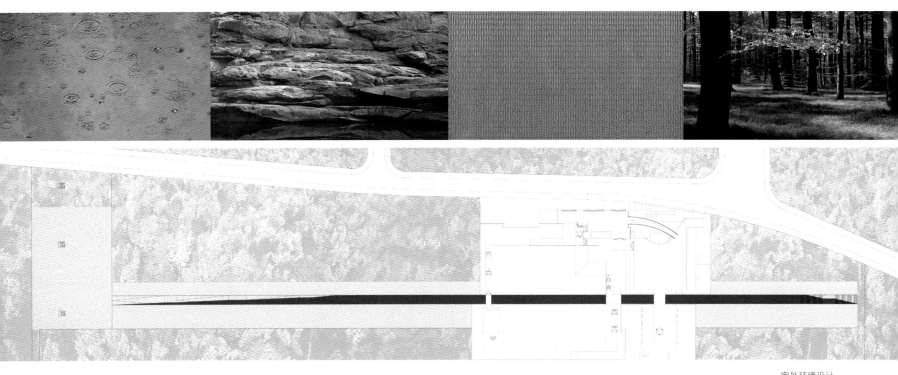

室外环境设计

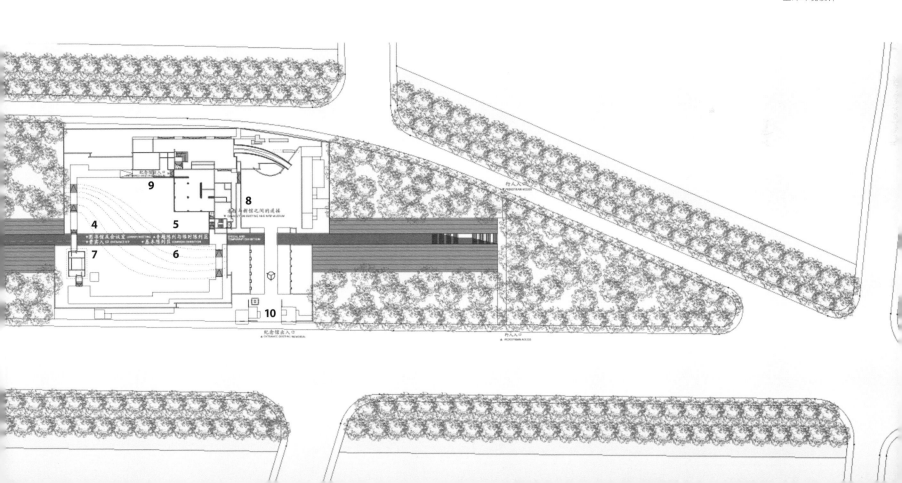

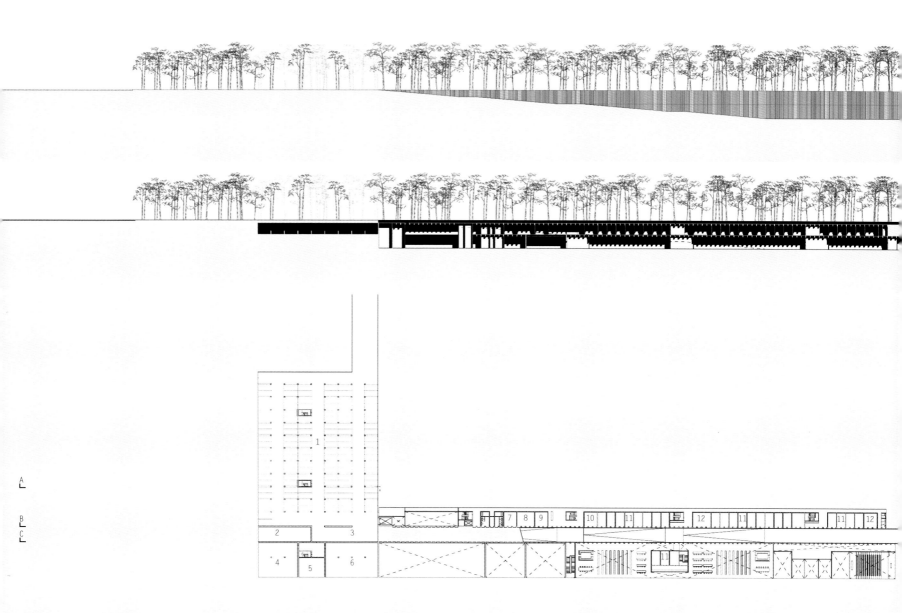

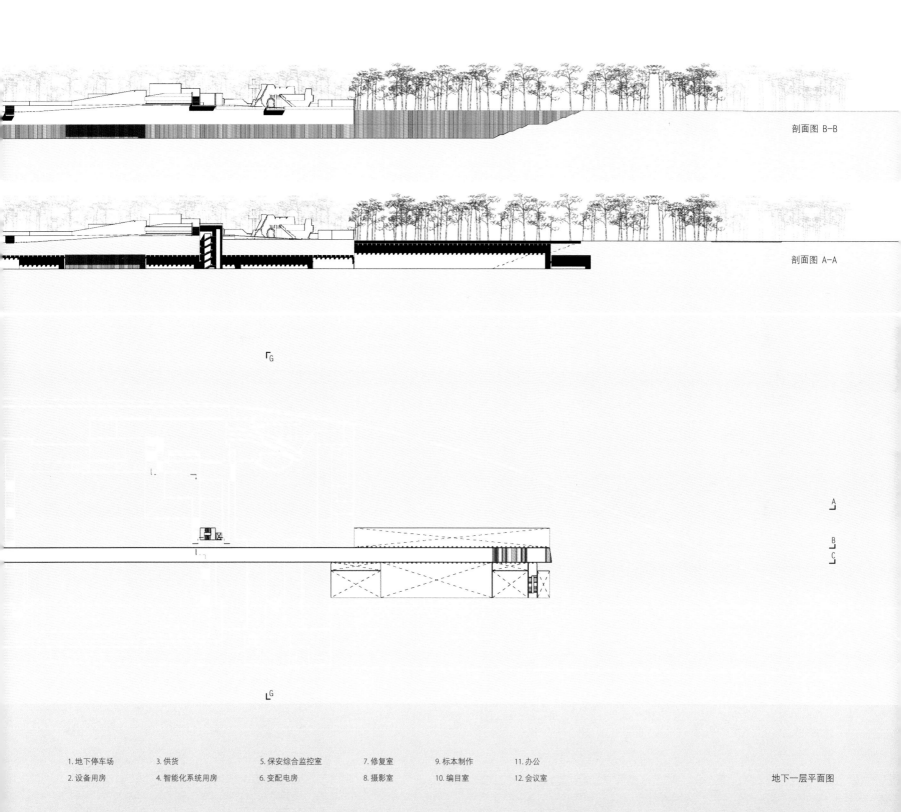

剖面图 B-B

剖面图 A-A

1.地下停车场　　3.供货　　　　　5.保安综合监控室　　7.修复室　　9.标本制作　　11.办公

2.设备用房　　　4.智能化系统用房　6.变配电房　　　　8.摄影室　　10.编目室　　12.会议室

地下一层平面图

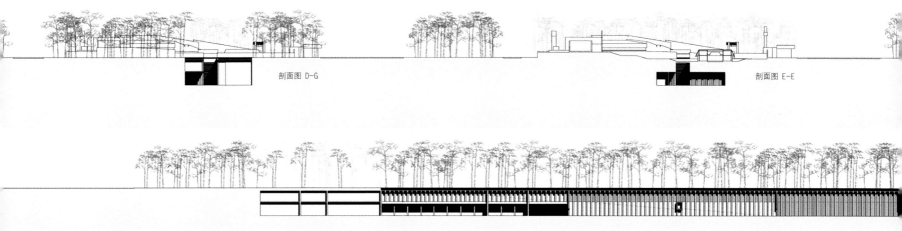

剖面图 D-G   剖面图 E-E

1. 溴化锂直燃机房   3. 水泵   5. 设备   7. 暂存库房   9. 设备   11. 临时陈列厅

2. 消防控制   4. 空调机房   6. 储藏   8. 工场   10. 临时陈列厅   12. 专题陈列厅

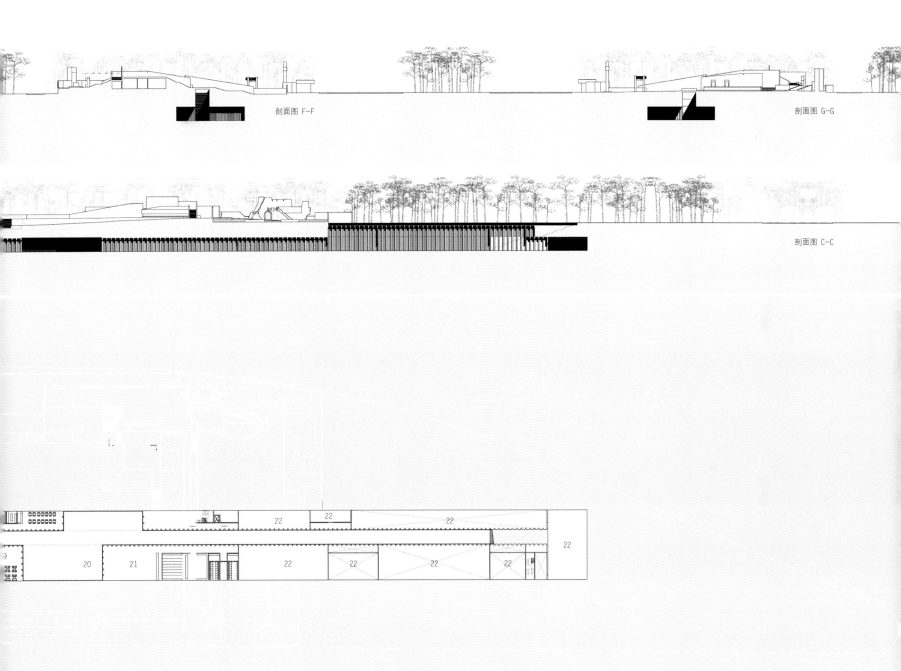

剖面图 F-F

剖面图 G-G

剖面图 C-C

| 13. 图书资料室 | 15. 专题陈列室 | 17. 会议室 | 19. 贵宾接待 | 21. 入口大厅 |
| 14. 档案室 | 16. 图书资料室 | 18. 报告室 | 20. 基本陈列室入口 | 22. 基本陈列区 |

地下二层平面图

优秀奖第三名

清华大学建筑学院

提交作品

主创设计师

王　路

清华大学建筑学院教授、博士生导师，兼任《世界建筑》主编

方案概述

　　该方案构思是以"历史、和平、开放、未来"为设计主题，把侵华日军南京大屠杀遇难同胞纪念馆扩建工程建成一座纪念中华民族苦难和伤痛的"纪念之城"、"祭奠之城"。建筑表面由粗糙石材包裹，通过破碎的城墙、沟壑、广场、院落、桥梁、塔、洞等城市要素，形成强烈的"祭城"的场所意向。一条贯穿基地东西的轴线，联系到整个"祭城"，始于象征伤口裂痕的壕沟，承接以跨越"万人坑"遗址的桥梁，再由和平之墙延伸至和平公园中。这一轴线不仅联系过去、现在和未来，也表达了南京人民从伤痛、苦难的那段经历中，从伤口中走出，超越死亡，奔向和平的强烈愿望。

祭城

　　南京是一座具有 2470 年历史的文化古城，先后有十个朝代在此建都，山川形胜与历史人文交相辉映，至今还保留着较完整的城墙、护城河及其他遗址。然而在这一充满经济活力、富有文化特色和优良人居环境的南京城也有着不可忘却的苦痛和难以弥合的伤口——惨绝人寰的南京大屠杀。

　　为了纪念在南京大屠杀中遇难的 30 余万同胞，我们的构思是把侵华日军南京大屠杀遇难同胞纪念馆扩建工程建成一座纪念中华民族苦难和伤痛的"纪念之城"、"祭奠之城"。一个在现实南京城中追思过去的伤痛，祈求未来和平的城，有护沟，有城墙，有边界守护着这个储藏南京人悲伤记忆的地方。沟壑与城墙限定了"祭城"的领域，它是彼岸的，与现实的南京城在时空上有隔离。然而它又是南京城不可或缺的一部分——一个"城中城"。它不是一座活生生的"城"，没有汩汩的护城河环绕，没有日常生活在此发生，它是一个属于特殊记忆和祭奠的伤痛之城。由粗糙石材包裹的建筑表面及整体环境设计突出和强调了这一似在废墟中建造的世界。纪念馆扩建工程的总入口是"祭城"的城门，是通往曾经大屠杀悲剧的台口，悲剧的首幕是尖锐、破碎的墙体组成的纪念塔（碑）林，依靠违反常规、陌生化构造的形态、空间和表皮来激发我们的记忆，置身于一个与城外生命之城截然不同的世界。感受毁灭生命的震惊。塔林既是凭吊死者的场所，也是废墟世界的表达。在迷失时空和方向感的塔林之外是一片祭祀空地，似被掠空一切的空寂废墟，绝望和震撼。这片空寂的广场，承天接地，有日月风雨哀泣抚慰着亡者的心灵。广场的远处是主馆洞穴般的出入口。这是一座永恒之城，整座"祭城"似躺倒的巨石墓碑般哀悼着死难的 30 余万同胞。"祭城"中不仅有城墙和沟壑，还有广场，有院落，有高有低，有街巷穿越屋顶平台，还有一条贯穿基地东西的轴线，联系整个"祭城"，始于象征伤口裂痕的壕沟，承接以跨越"万人坑"遗址的桥梁，再化作一段纪念和平之墙伸延至和平公园中。这一轴线不仅联系过去、现在和未来，也表达了南京人民从伤痛、苦难的那段经历中，从伤口中走出，超越死亡、奔向和平的强烈愿望。"祭城"不但表达了对亡者的纪念，也表达了中华民族的不朽。和平公园鸟语花香的新景象更体现中华民族对未来和平发展的美丽憧憬。

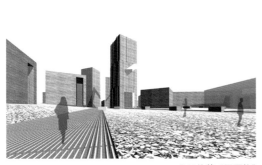

入口处的"巨石体"

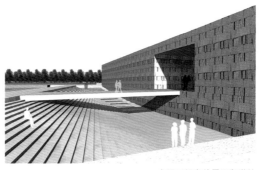

广场回望室外展场和塔林

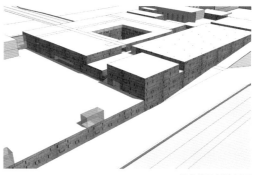

纪念馆体量效果图

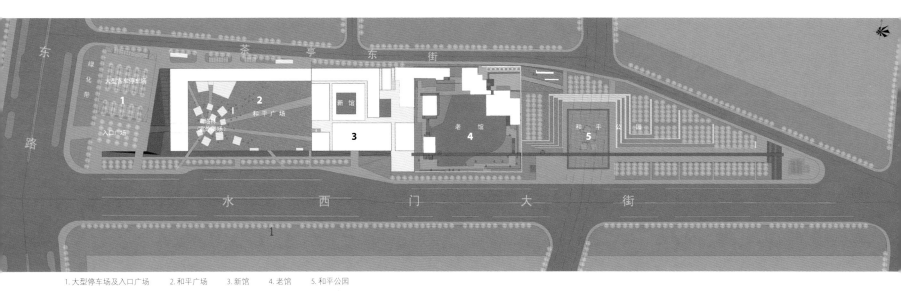

1

1. 大型停车场及入口广场   2. 和平广场   3. 新馆   4. 老馆   5. 和平公园

整体格局

方案主入口位于基地西侧，通过"城门"，进入作为和平集会的主要场所——和平广场，以尖锐破碎的墙体组成的纪念塔林，给参观者留下强烈的视觉冲击。新馆安排展示陈列、馆藏交流、地下停车及设备用房等，以满足扩建后展览和学术研究的功能。方案整合了老馆的空间和流线，充分尊重老馆的完整性和主体地位，将原有的设施和流线组织纳入总体的安排。

和平公园设计简洁、开放，衔接老馆的入口，安排了纪念台、纪念塔、水的庭院等设施，充分表达了中华民族超越伤痛、展望未来、永沐和平的愿景。

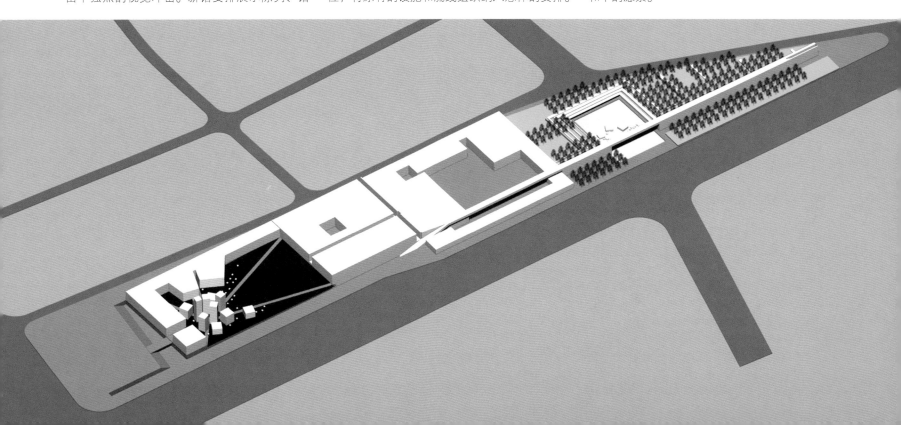

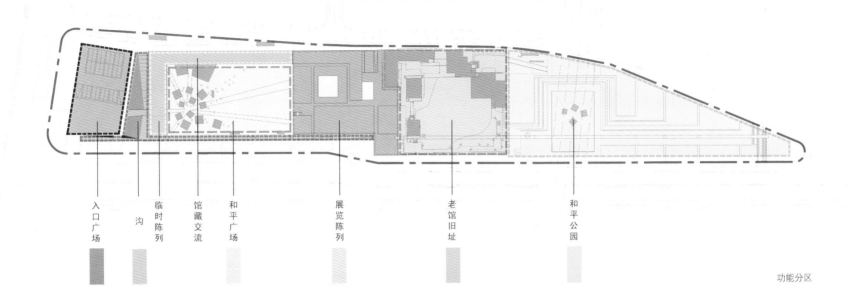

入口广场　沟　临时陈列　馆藏交流　和平广场　展览陈列　老馆旧址　和平公园

功能分区

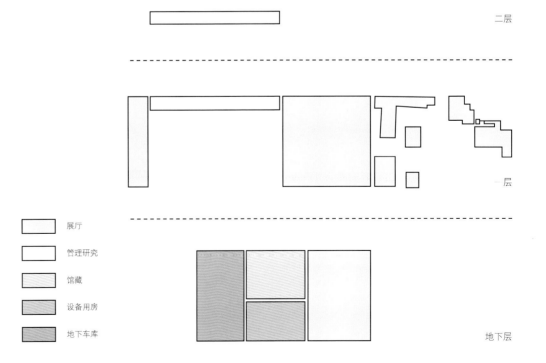

二层

一层

地下层

展厅
管理研究
馆藏
设备用房
地下车库

扩建后的纪念馆主要由展示陈列、馆藏交流、地下停车及设备用房、国际和平集会广场、国际和平主题公园等部分组成。

展示陈列区位于基地中部，与原馆在西侧相连。

馆藏交流区设在基地北侧，紧邻茶亭东街，设会议研究、办公接待、陈列物资三个出口。

临时展厅构成纪念馆的西翼，与会议和图书阅览区相邻，靠近入口广场，可以单独开放。会议、图书资料及研究阅览部分，也可以单独对外使用，并与临时展厅共同构成一个与主题相关的小型会议展览中心。

藏品库房、机房及停车场位于地下一层。

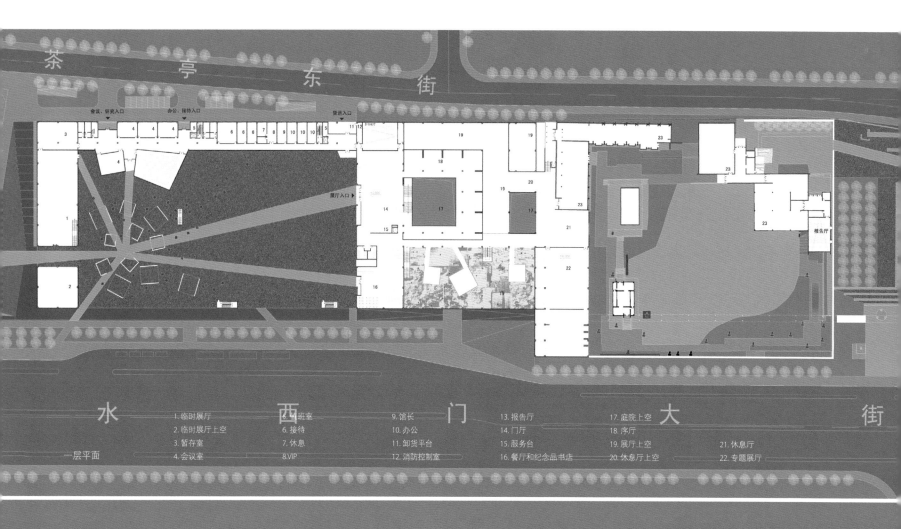

一层平面

1. 临时展厅　　5. 值班室　　9. 馆长　　13. 报告厅　　17. 庭院上空
2. 临时展厅上空　6. 接待　　10. 办公　　14. 门厅　　18. 序厅
3. 暂存室　　7. 休息　　11. 卸货平台　15. 服务台　　19. 展厅上空　21. 休息厅
4. 会议室　　8.VIP　　12. 消防控制室　16. 餐厅和纪念品书店　20. 休息厅上空　22. 专题展厅

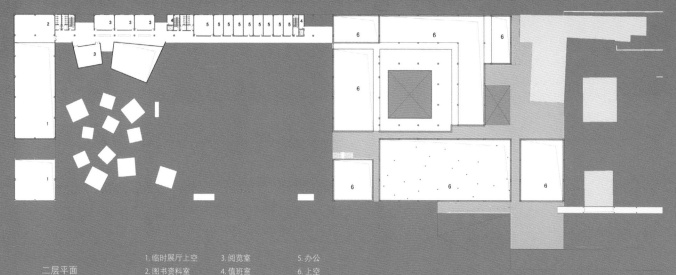

二层平面

1. 临时展厅上空　3. 阅览室　　5. 办公
2. 图书资料室　　4. 值班室　　6. 上空

西侧剖面图

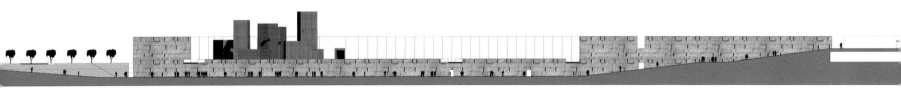

南侧剖面图

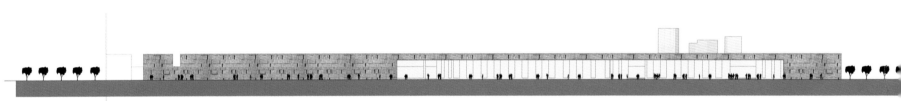

北侧立面图

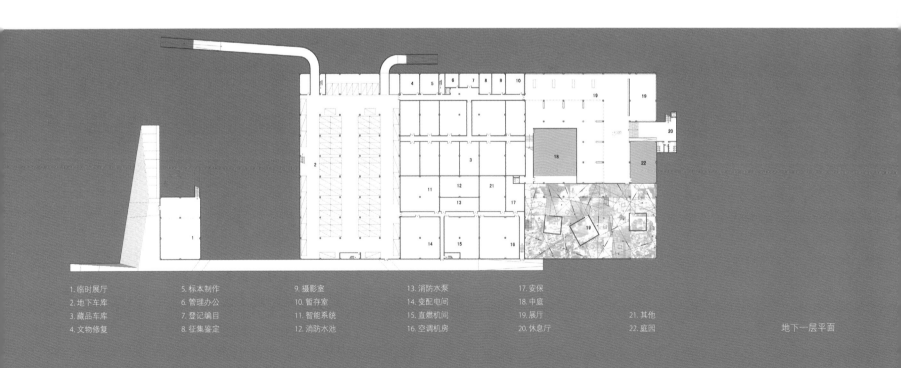

1.临时展厅	5.标本制作	9.摄影室	13.消防水泵	17.安保
2.地下车库	6.管理办公	10.暂存室	14.变配电间	18.中庭
3.藏品车库	7.登记编目	11.智能系统	15.直燃机间	19.展厅
4.文物修复	8.征集鉴定	12.消防水池	16.空调机房	20.休息厅
				21.其他
				22.庭园

地下一层平面

楼电梯

垂直交通线

参观流线

展厅

室外展厅

管理研究

馆藏

设备用房

地下车库

参观流线一

参观流线二

新旧馆分别开放的不同参观流线

　　整合新老馆展示空间的基础上，展线的组织
在提供一条完整的仪式化的参观路径的同时，也
为参观者的自由选择提供了多种可能性，同时考
虑了伤残人员的特殊路径。

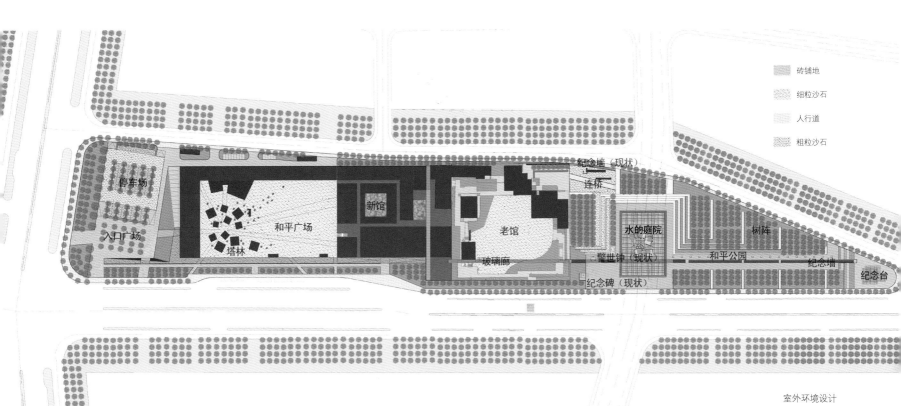

砖铺地
细粒沙石
人行道
粗粒沙石

停车场

入口广场

和平广场

塔林

新馆

玻璃廊

老馆

纪念墙（现状）

连桥

水的庭院

警世钟（现状）

树阵

和平公园

纪念墙

纪念台

纪念碑（现状）

室外环境设计

可进入的地下壕沟

穿越和平公园的墙体

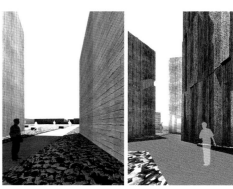

塔林意向

以石材为基本素材整合老馆，利用建筑、墙体和切入地下的壕沟为边界，使"祭城"成为整体性很强，予人永恒和沉重历史感的"巨石建筑"。其简洁的体形和内敛的肃穆性格也突出了建筑的纪念性，为悼念死难的同胞，控诉战争的罪恶营建了恰如其分的空间氛围。远观，纪念馆新旧融合，一气呵成；行游其中，则是一座内涵深广的城市，它不仅提供不同类型和内容的展示陈列空间，还以其墙、院、台、坡、街巷、广场、沟壑、桥梁、塔、洞等城市要素构成各种悼念死者的场所。这一"祭城"也是南京城一个类型化的缩影。

天津大学建筑学院

提交作品

主创设计师
彭 一 刚

中国科学院院士，天津大学建筑学院教授、博士生导师

设计立意

形象塑造与个性表现——既简洁明晰，又寓意深刻
在设计中运用抽象、提炼、象征、隐喻等诸多手法，以独特的建筑形象凸显南京大屠杀的纪念主题，借此表达对遇难者的无限哀思。

馆、碑、广场三位一体，既协调统一，又富有变化
力求馆、碑、广场三者相结合，并借助于轴线的转折而构成和谐统一的整体。

传统性及时代性——继往开来
主馆形似我国传统建筑中的重檐攒尖屋顶，给人以庄严、凝重之感。

节约能耗
大部分建筑深埋于地下，受外部气温变化影响较小，冬暖夏凉。这种处理方式将能极大地节约能耗，并为人们营造出良好的观展环境。

无障碍设计
在对公众开放的陈列部分均设有平缓的坡道并贯穿于整个参观流线，便于残疾人观展。

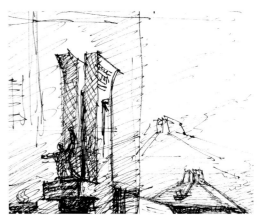

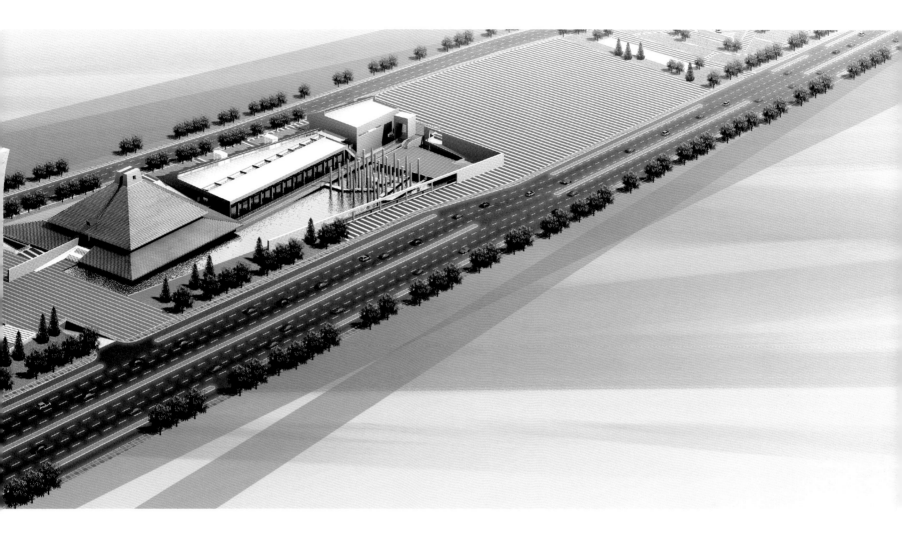

1. 地下停车场出入口　　4. 和平火炬　　7. 主入口广场　　10. 副馆　　13. 纪念柱群　　16. 和平门　　19. 纪念小品

2. 室外停车场　　5. 和平广场　　8. 主入口　　11. 叠水　　14. 室外展览场地　　17. 保留原有建筑　　20. 水景

3. 水池　　6. 看台　　9. 主馆　　12. 景观走廊　　15. 报告厅　　18. 室外停车场

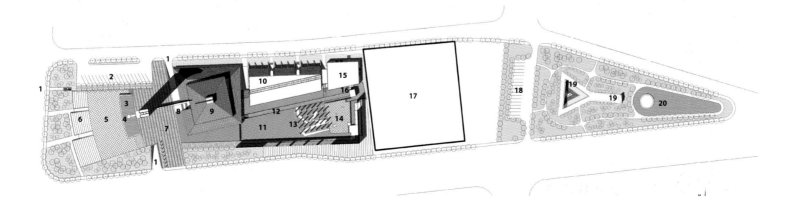

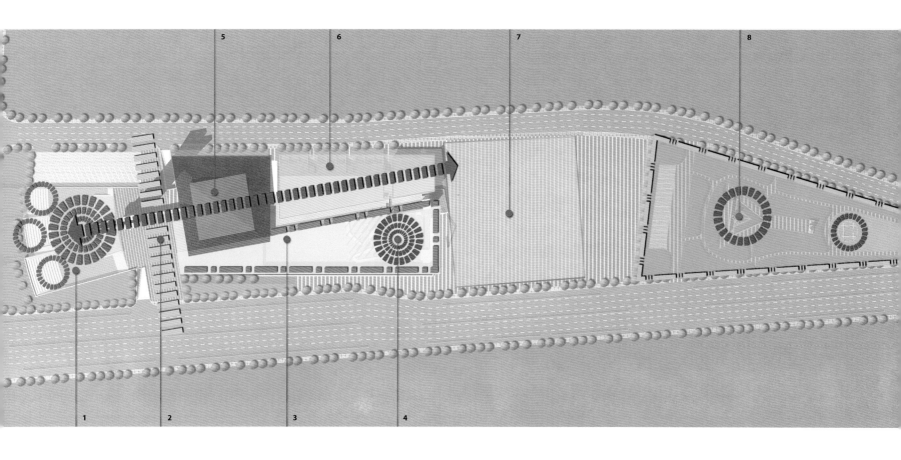

功能分区

1. 和平广场
2. 入口广场
3. 水池
4. 室外展场
5. 建筑主馆
6. 建筑副馆
7. 保留原有建筑
8. 纪念公园

广场
取扇形平面,从视线考虑,后部略作升起,前部设一水池,每逢纪念日可因活动需要而搭设临时主席台。

主管
与碑体相对,入口层为悼念大厅,实际上起到序馆兼主题展厅作用;底层为主要陈列厅。两层之间轴线作 10° 旋转,这既契合了基地的需要,又使整体构图更富视觉冲击力。

节约能耗
狭长的下沉式水池,透露出些许轻松与宁静,调节了新馆、老馆极其严肃、压抑的纪念气氛,达到刚柔并济的艺术效果。

副馆
位于新馆与老馆之间,起到联系并服务于两者的作用。

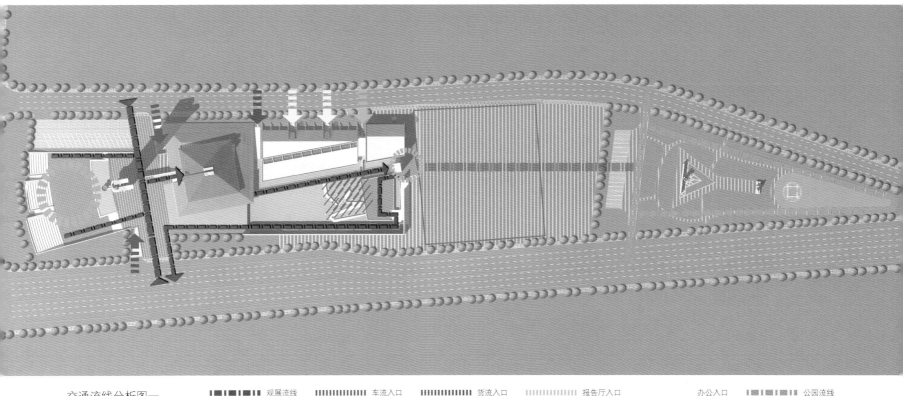

交通流线分析图一　　▮▯▮▯▮▯ 观展流线　▮▮▮▮▮▮ 车流入口　▮▮▮▮▮▮ 货流入口　▮▮▮▮▮▮ 报告厅入口　　　办公入口　▮▯▮▯▮▯ 公园流线

交通组织

人流

在主馆设计中，先是引导观众进入序厅，其高大空间体量首先给人以强烈的视觉震撼，为观众提供了一个非同寻常的悼念场所。通往主题壁画前的两侧墙面扼要地表述了南京大屠杀的事件梗概，成为内容陈列的纲要。循此而下，按顺时针方向依次参观展览。观展完毕，循自动扶梯回到设在入口层一隅的出口。此时观众可拾级步入设在水面上的廊侨，随之走向老馆，部分观众也可由此参观室外展场并沿水池南侧小径离馆。

车流

按标书要求将 25 辆大型轿车停车场分设两处，一处位于广场北侧，另一处设在公园西部，并用绿化带加以隔离，方便了不同类型观众乘车的需要。100 部小轿车停车场则设在纪念广场地下，其出入口位置均考虑了使用上的方便。

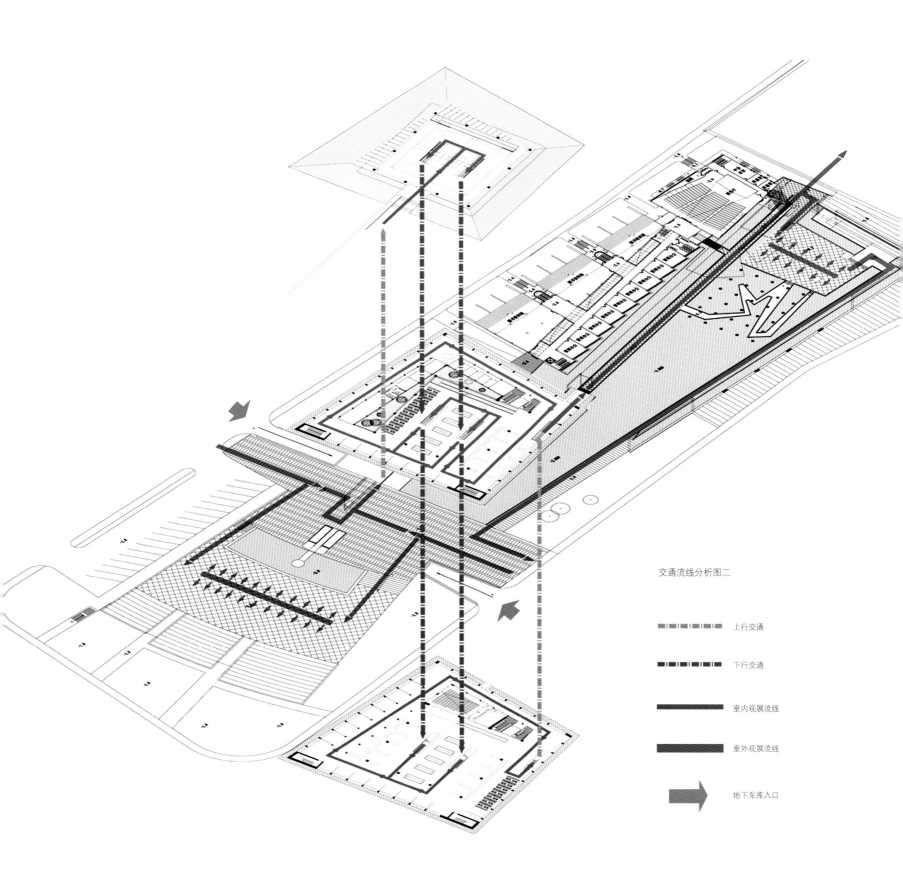

交通流线分析图二

上行交通

下行交通

室内观展流线

室外观展流线

地下车库入口

"遇难者"主题雕塑

象征 30 余万含冤待雪的遇难同胞。

"母亲"雕塑

象征痛失儿女的无助母亲。

主馆入口层

高大的空间体量给人以强烈的视觉震撼。

碑体

高达 50m 的纪念碑，巍然耸立于纪念馆和广场的中轴线上，碑前铜制雕像象征着遇难者罹难前的痛苦挣扎，由正反两块石碑组成的碑体表达了中国人民振臂怒吼的悲愤。碑体顶部镌刻有"300000"字样，其上为屠刀，下为事件发生日期：1937 年 12 月。再下方为滴血，隐喻了日寇曾在南京犯下的滔天罪行。

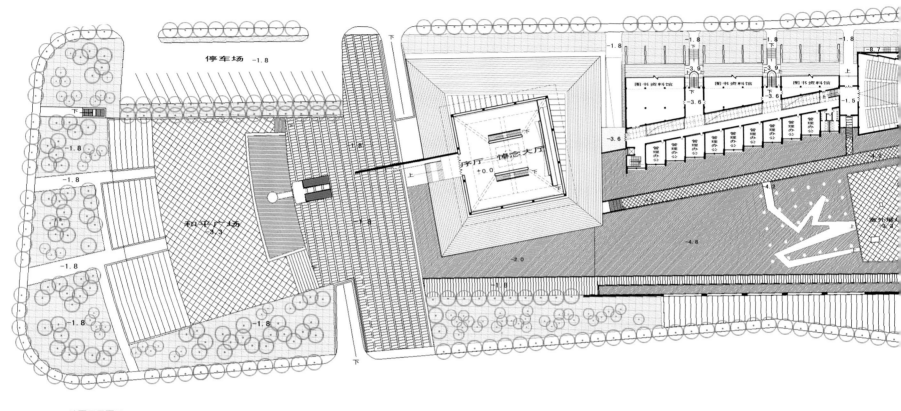

停车场 -1.8

图书资料馆

图书资料馆

图书资料馆

管理办公

管理办公

管理办公

管理办公

管理办公

序厅 博念大厅
+0.0

和平广场
-3.3

海外嘉

地面层平面图

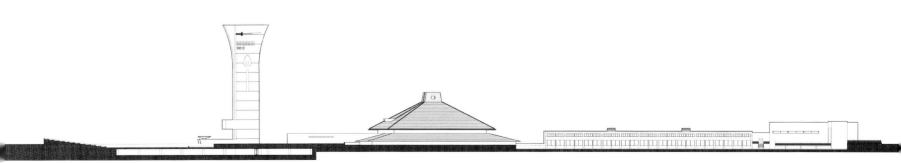

南立面图

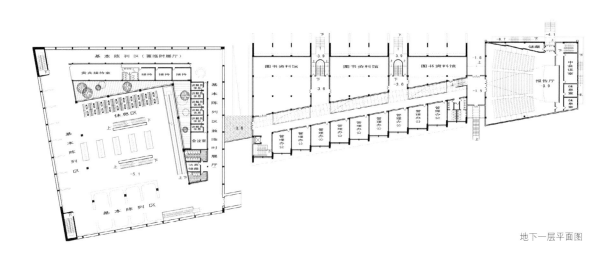

地下一层平面图

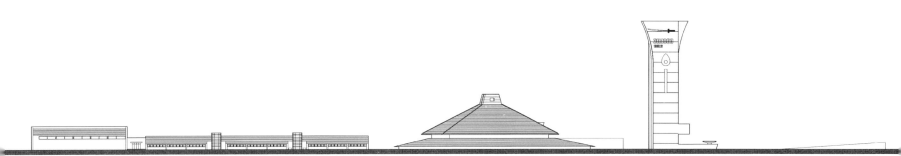

北立面图

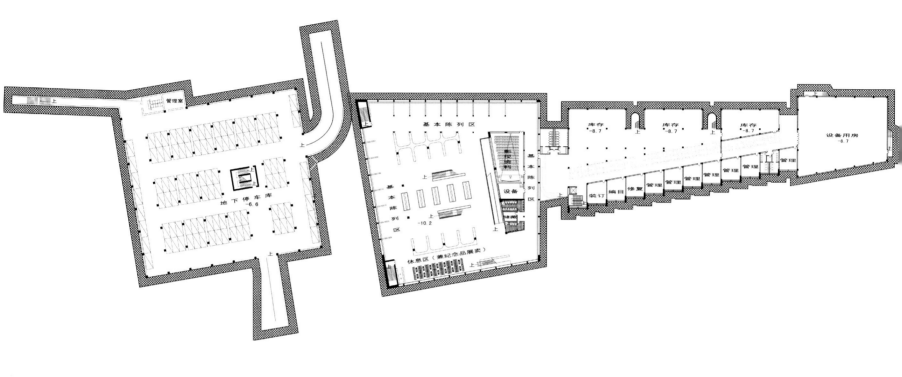

地下二层平面图

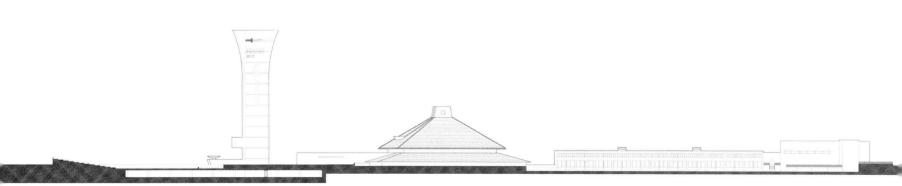

东西向场地剖面图

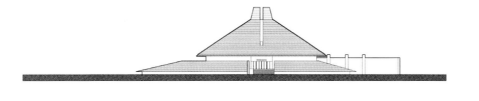

西立面图

东立面图

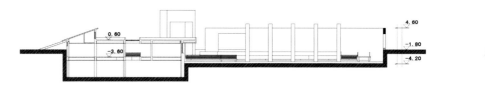

横剖面图

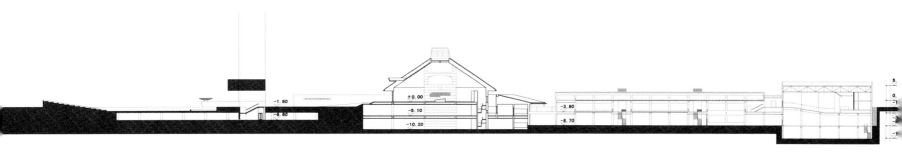

纵剖面图

同济大学建筑与城市规划学院

提交作品

主创设计师
戴复东

中国工程院院士，同济大学建筑与城市规划学院
教授、博士生导师、名誉院长，国家大剧院专家
组成员

设计立意

展现尘封历史，打开真相之盒

这是一部血写的历史，它铭刻在这片饱经风霜的大地之上，虽经沧海桑田，但历史的真相不容掩盖。

对于南京大屠杀这一惨绝人寰的历史事件，如何在纪念场馆的设计中对其精神实质进行定义和表达，是设计的重要出发点，设计者试图以简洁凝重的形体来表达丰富厚重的精神内涵。东西两块地景般的楔形体犹如缓缓拉开的历史盒盖，使真相渐渐展示于世人眼前。

回顾破碎山河，祈福和平之景

连绵的山体是不屈的民族脊梁，虽饱经沧桑，仍巍然屹立；绵延的流水，是不息的民族血脉，即使历经磨难，仍生生不息。

缓缓升起的坡状体量和雕塑感的坚实墙体破土而出，刀削斧凿的切面造型倒映在平静的水面之上，显现出壮阔河山的恢弘长卷，意味着中华民族虽遭受苦难，仍顽强不屈的民族精神。

梳理城市脉络，再建都市生活

这是一块背负着历史沧桑与民族血泪的土地，但更是一块面向未来，充满希望的土地。

设计的宗旨是：在尊重现状纪念馆完整性的前提下，将原有场馆纳入到新场馆的设计中，使之最大限度地紧密结合，浑然一体。同时充分考虑纪念馆建成后与现代城市生活的紧密联系。向城市开放的广场与公园既传达了纪念馆的精神特质，又避免给城市生活带来过于沉重压抑的氛围，表达了场所的公共属性。

总体布局

试图构建贯穿东西的轴线，在轴线上，依次布置"准备区——进入区——升华区——高潮区——消解区"，空间气氛的营造随着轴线的深入不断变化，让参观者的心里感受在环境气氛的变化中不断更替，由放松到紧张再到放松，在参观的深入过程中，得到心灵的震荡和思想的启迪。

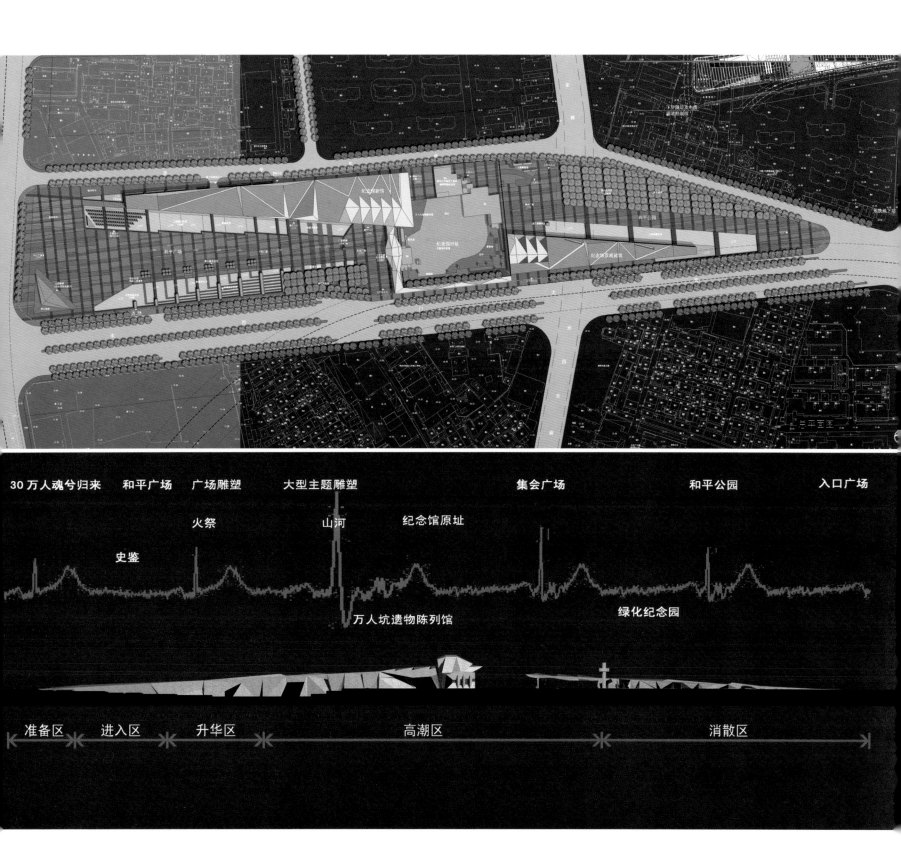

30万人魂兮归来　和平广场　广场雕塑　　大型主题雕塑　　　　　　集会广场　　　　和平公园　　　入口广场

火祭　　　　山河　　　纪念馆原址

史鉴

万人坑遗物陈列馆　　　　　绿化纪念园

准备区　进入区　升华区　　　高潮区　　　消散区

　　以中部的现有场馆为中心，沿基地的东西两个方向以两个斜插入地的对接楔形体为构成要素，形成了横贯基地东西的清晰脉络。

　　西面作为大型集会活动和礼仪活动的主要场所，并将主要的展览和纪念活动安排于此，基地东侧以大型纪念树阵为主题，辅以集合广场，景观水面，服务设施建筑等，避免过多的人工构筑物，营造氛围轻松的和平公园。

　　基地西侧以现状场馆中的万人坑遗物陈列馆作为空间的核心，而东侧公园，则以现状场馆中的主题雕塑墙为中心，使两部分空间各有重点，又相互连接，通过这一手法，原有的场馆自然而然地成为了整个规划的联系纽带。

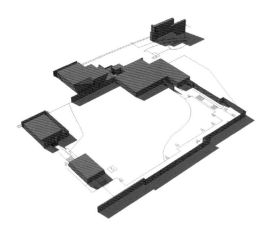

纪念馆现有场馆

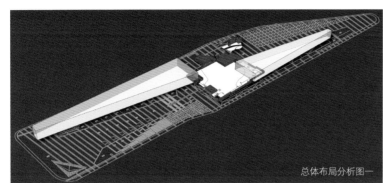

总体布局分析图一

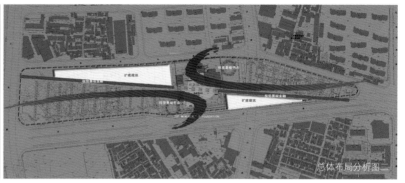

总体布局分析图一

东南方向鸟瞰图

功能分析

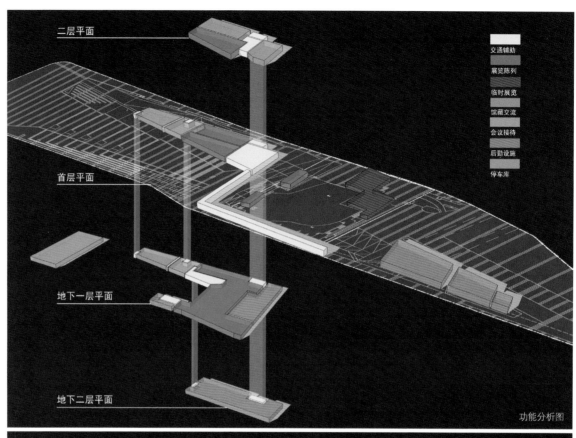

二层平面

首层平面

地下一层平面

地下二层平面

交通辅助

展览陈列

临时展览

馆藏交流

会议接待

后勤设施

停车库

功能分析图

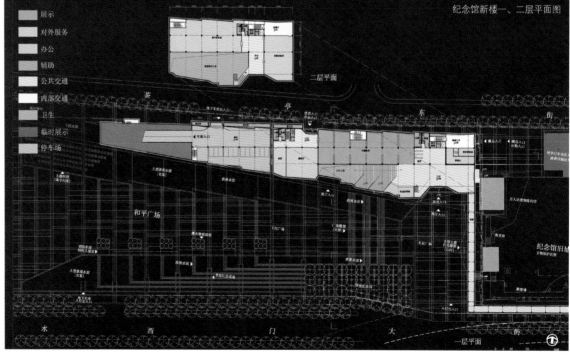

展示

对外服务

办公

辅助

公共交通

内部交通

卫生

临时展示

停车场

纪念馆新楼一、二层平面图

二层平面

和平广场

纪念馆旧址

一层平面

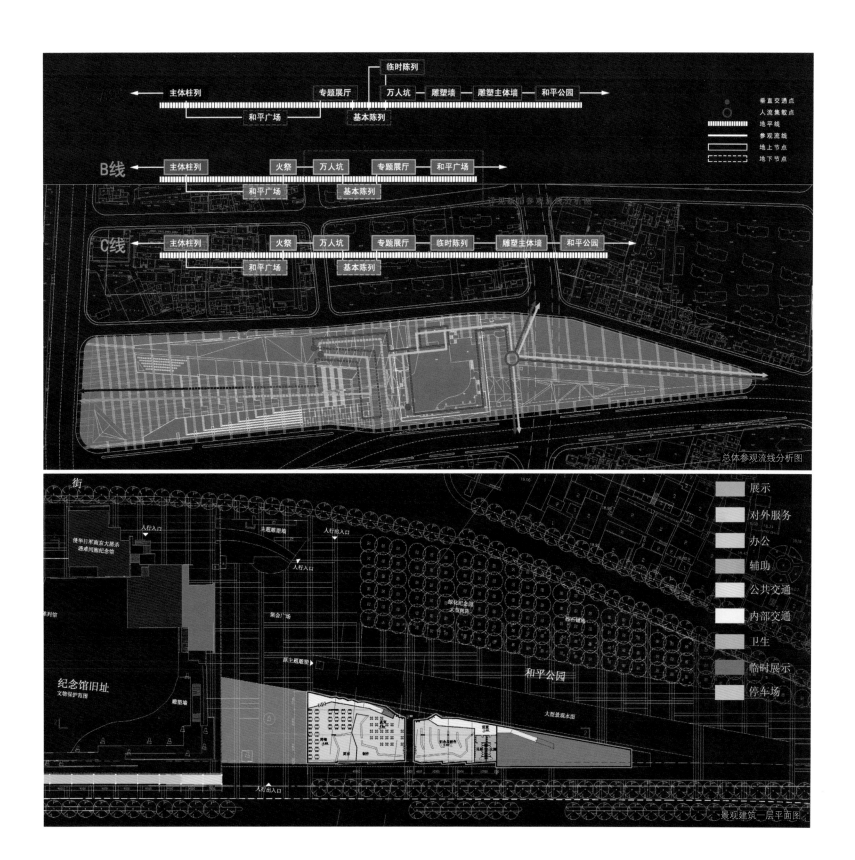

临时陈列

主体柱列 ←—————————————— 专题展厅 — 万人坑 — 雕塑墙 — 雕塑主体墙 — 和平公园 —→

和平广场
基本陈列

B线 ←— 主体柱列 — 火祭 — 万人坑 — 专题展厅 — 和平广场 —→

和平广场
基本陈列

C线 ←— 主体柱列 — 火祭 — 万人坑 — 专题展厅 — 临时陈列 — 雕塑主体墙 — 和平公园 —→

和平广场
基本陈列

垂直交通点
人流集散点
地平线
参观流线
地上节点
地下节点

总体参观流线分析图

街

侵华日军南京大屠杀遇难同胞纪念馆

人行入口

主题雕塑墙

人行入口

陈列馆

集会广场

绿化纪念园大型树阵

停车辅地

和平公园

纪念馆旧址
文物保护范围

原主题雕塑

雕塑墙

大型景观水面

人行出入口

展示
对外服务
办公
辅助
公共交通
内部交通
卫生
临时展示
停车场

景观建筑一层平面图

东南大学建筑学院

提交作品

主创设计师

王建国

东南大学建筑学院院长、博士生导师，教育部"长江学者奖励计划"特聘教授，国家杰出青年科学基金获得者

总体形态与项目功能构成

据资料显示，从1937年12月15日开始，在南京城区范围内发生的遇难者达千人以上的集体屠杀点共有11处。迄今为止南京市政府在各个屠杀点和遇难同胞丛葬地设立了16处纪念馆和纪念碑。这些屠杀点和纪念馆、碑之间的连线构成了一张恐怖的屠杀轨迹网笼罩着南京这个饱经灾难的城市。在这张屠杀轨迹网中共有9条连线穿过扩建纪念馆场地，它们把场地与城市通过事件连接起来，使得扩建以后的纪念馆真正成为哀悼30余万大屠杀遇难同胞亡灵的精神和地理中心。这9条轨迹线是扩建纪念馆总体空间形态发生的重要依据。在设计建造完成以后，它们将成为划过建筑与场地的冷色光带，在场地边缘微微翘起，铭刻出所指方向屠杀事件发生的时间、地点和遇难人数。

在方案设计中，一期纪念馆的主要建筑和纪念场地将得到保留，它们在中国当代建筑史上具

有重要的地位。扩建项目的主要形体和空间以原有纪念馆为起点向西延伸。原有纪念馆的建筑形态以非对称正交体系为特征，而在这些正交体系的形体围合的纪念场地中却出现了在三维上均表现为不规则非正交的大片卵石地面，渲染出了苍寂、悲怆的气氛，成为原纪念馆最具标志性的景观。扩建纪念馆的设计以这片象征性的卵石地面为基点，将这种寓示死亡的材质向西并向地下空间延伸。扩建部分的建筑与场地形态以及空间构成抽取原纪念馆中特异性的不规则非正交体系为特征，以具有强大冲击力的形体和空间表现南京大屠杀这一人类文明史上最为扭曲黑暗的事件。

方案设计在整个74000m²（约114亩）的场地中应用城市地形学和建筑地形学的思想和方法，摈弃建筑与外部环境在常规意义上的差别，创造出一种超越单体建筑间空间关系的、具有地形特征和地理尺度的超领域整体纪念场所。

南京大屠杀纪念点连线轨迹

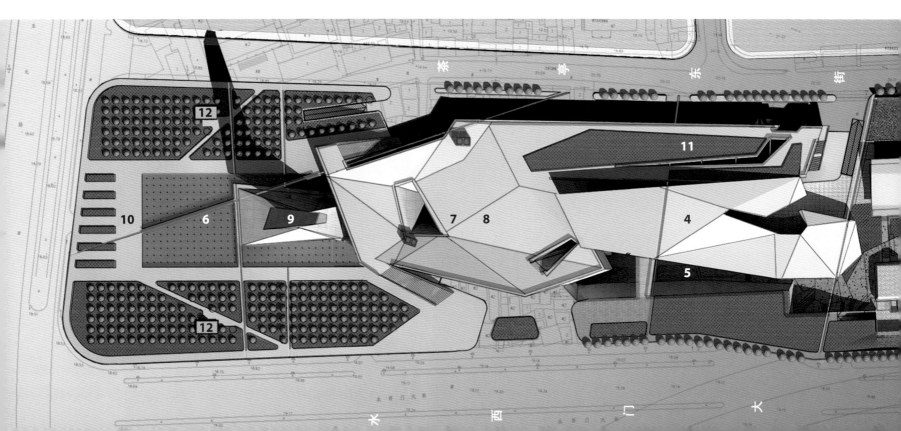

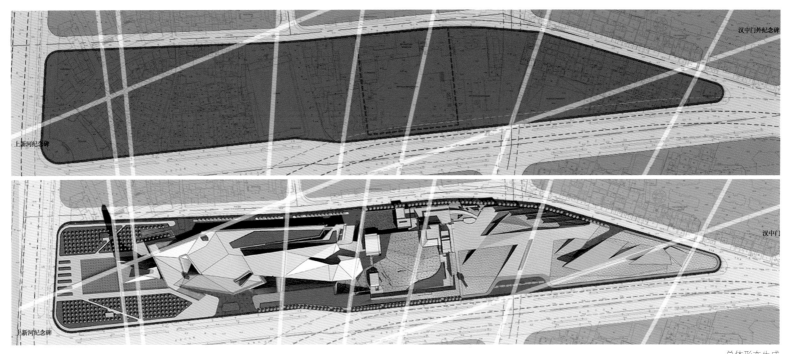

总体形态生成

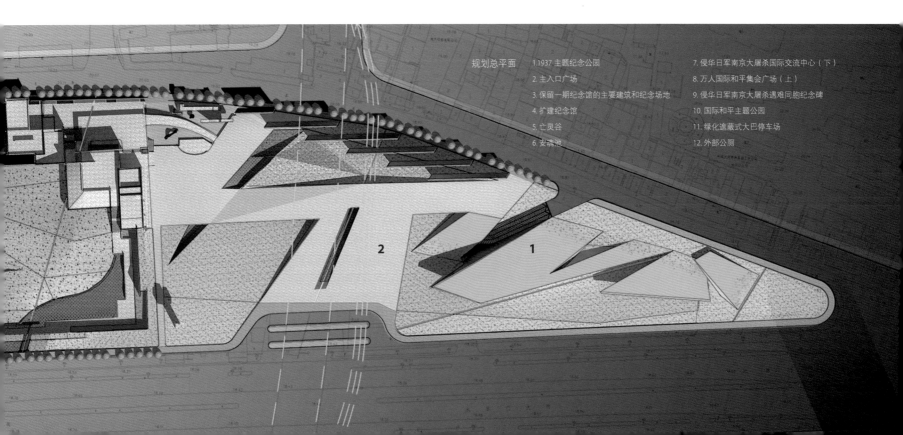

规划总平面

1. 1937 主题纪念公园
2. 主入口广场
3. 保留一期纪念馆的主要建筑和纪念场地
4. 扩建纪念馆
5. 亡灵谷
6. 安魂池
7. 侵华日军南京大屠杀国际交流中心（下）
8. 万人国际和平集会广场（上）
9. 侵华日军南京大屠杀遇难同胞纪念碑
10. 国际和平主题公园
11. 绿化遮蔽式大巴停车场
12. 外部公厕

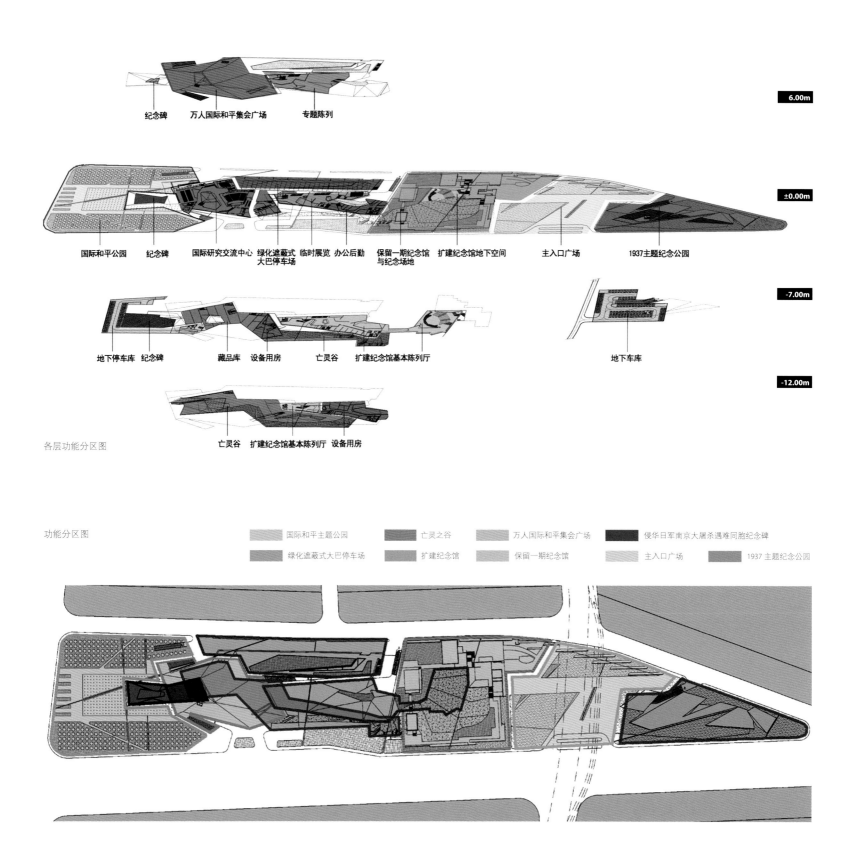

6.00m

纪念碑   万人国际和平集会广场   专题陈列

±0.00m

国际和平公园   纪念碑   国际研究交流中心   绿化遮蔽式   临时展览   办公后勤   保留一期纪念馆   扩建纪念馆地下空间   主入口广场   1937主题纪念公园
                                  大巴停车场   与纪念场地

-7.00m

地下停车库   纪念碑   藏品库   设备用房   亡灵谷   扩建纪念馆基本陈列厅   地下车库

-12.00m

亡灵谷   扩建纪念馆基本陈列厅   设备用房

各层功能分区图

功能分区图

国际和平主题公园   亡灵之谷   万人国际和平集会广场   侵华日军南京大屠杀遇难同胞纪念碑

绿化遮蔽式大巴停车场   扩建纪念馆   保留一期纪念馆   主入口广场   1937 主题纪念公园

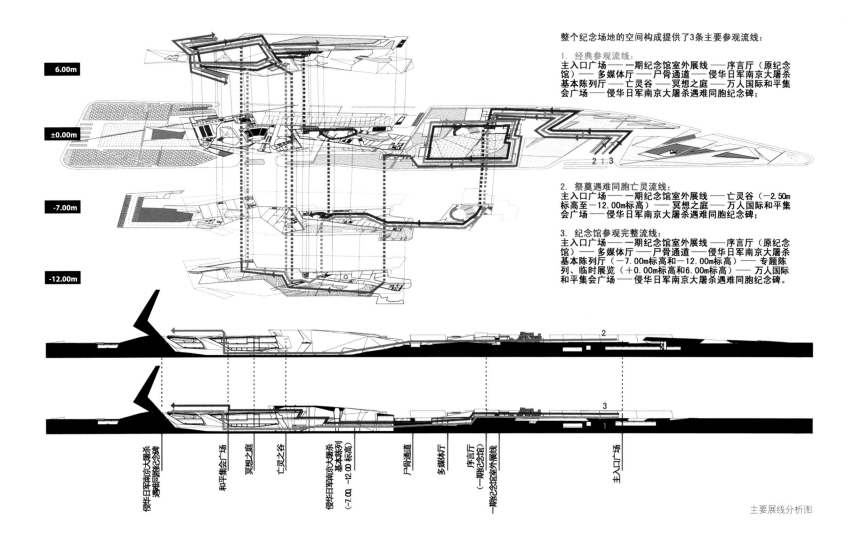

整个纪念场地的空间构成提供了3条主要参观流线：

1. 经典参观流线：
主入口广场——一期纪念馆室外展线——序言厅（原纪念馆）——多媒体厅——尸骨通道——侵华日军南京大屠杀基本陈列厅——亡灵谷——冥想之庭——万人国际和平集会广场——侵华日军南京大屠杀遇难同胞纪念碑；

2. 祭奠遇难同胞亡灵流线：
主入口广场——一期纪念馆室外展线——亡灵谷（−2.50m标高至−12.00m标高）——冥想之庭——万人国际和平集会广场——侵华日军南京大屠杀遇难同胞纪念碑；

3. 纪念馆参观完整流线：
主入口广场——一期纪念馆室外展线——序言厅（原纪念馆）——多媒体厅——尸骨通道——侵华日军南京大屠杀基本陈列厅（−7.00m标高和−12.00m标高）——专题陈列、临时展览（+0.00m标高和6.00m标高）——万人国际和平集会广场——侵华日军南京大屠杀遇难同胞纪念碑。

主要展线分析图

从东端悲怆、荒寂的1937主题纪念公园到西端明亮、开敞的国际和平公园，760m长的空间序列在起承转合中经历了从杀戮到和平、从黑暗到光明、从死亡到生命、从历史到未来的转变和发展，扣合和凸现了"历史、和平、开放、未来"的设计主题。

在760m长的场地中，设计将纪念场馆的空间总体上分为四段，组成一条完整的空间序列

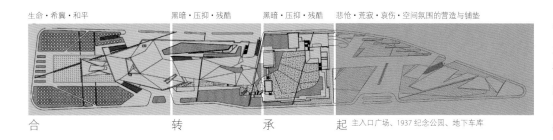

生命·希冀·和平　　　黑暗·压抑·残酷　　　黑暗·压抑·残酷　　悲怆·荒寂·哀伤·空间氛围的营造与铺垫

合　　　　　　　　转　　　　　　　　承　　　　　起　主入口广场、1937纪念公园、地下车库

"起"：从场地东端到保留一期场馆，长达300m，主要包括1937主题纪念公园和主入口广场。设计以似尖刀利刃般翘动的混凝土板块和大片起伏的细白砂场地营造出悲怆、荒寂、哀伤的空间氛围，为从喧闹城市到来的参观者提供足够的空间铺垫以转换心情，进入参观序列。

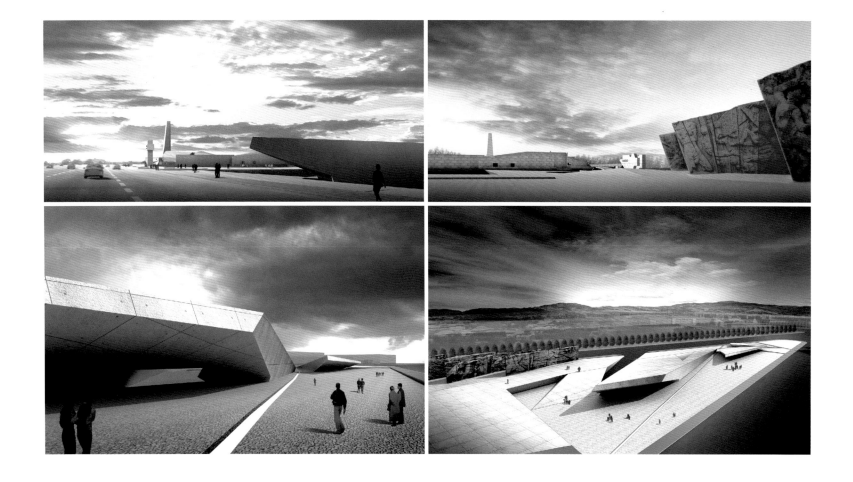

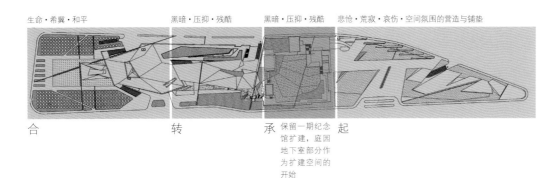

生命·希冀·和平　　黑暗·压抑·残酷　　黑暗·压抑·残酷　　悲怆·荒寂·哀伤·空间氛围的营造与铺垫

合　　　　　　　转　　　　　　　承　　　　起

保留一期纪念
馆扩建，庭园
地下室部分作
为扩建空间的
开始

"承"：保留一期纪念馆和纪念场地，在原纪念场
地卵石地面下面开挖出地下展示空间，连接原纪
念馆和扩建新馆。内容包括序言厅（原纪念馆）、
全景多媒体展示厅和尸骨通道，以黑暗、压抑、
恐怖为空间主题。

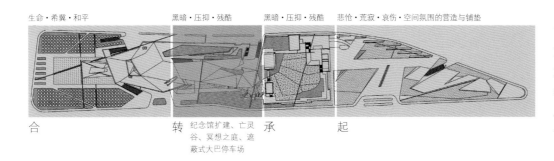

生命·希冀·和平　　　　黑暗·压抑·残酷　　　黑暗·压抑·残酷　　悲怆·荒寂·哀伤·空间氛围的营造与铺垫

合　　　　　　　　　　转　纪念馆扩建、亡灵　承　　　　　　起
　　　　　　　　　　　　　谷、冥想之庭、遮
　　　　　　　　　　　　蔽式大巴停车场

"转"：主要包括扩建纪念馆新馆和亡灵谷，空间主题仍然为黑暗、压抑、恐怖。扩建纪念馆为南京大屠杀史料基本陈列厅，可以从纪念馆内上楼到达，也可以从室外跨越亡灵谷的桥面直接进入。"亡灵谷"是追悼、祭奠遇难同胞亡灵的场所，也是连接、转换各个重要部分的关键空间。

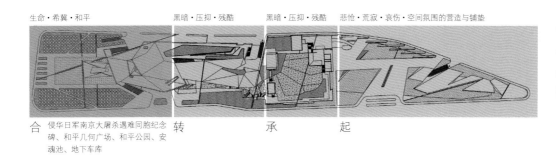

生命·希冀·和平　　黑暗·压抑·残酷　　黑暗·压抑·残酷　　悲怆·荒寂·哀伤·空间氛围的营造与铺垫

合　侵华日军南京大屠杀遇难同胞纪念碑、和平几何广场、和平公园、安魂池、地下车库　　转　　承　　起

"合"：包括侵华日军南京大屠杀国际研究交流中心、万人国际和平集会广场、侵华日军南京大屠杀遇难同胞纪念碑、国际和平主题公园，空间主题是生命、希冀、和平。

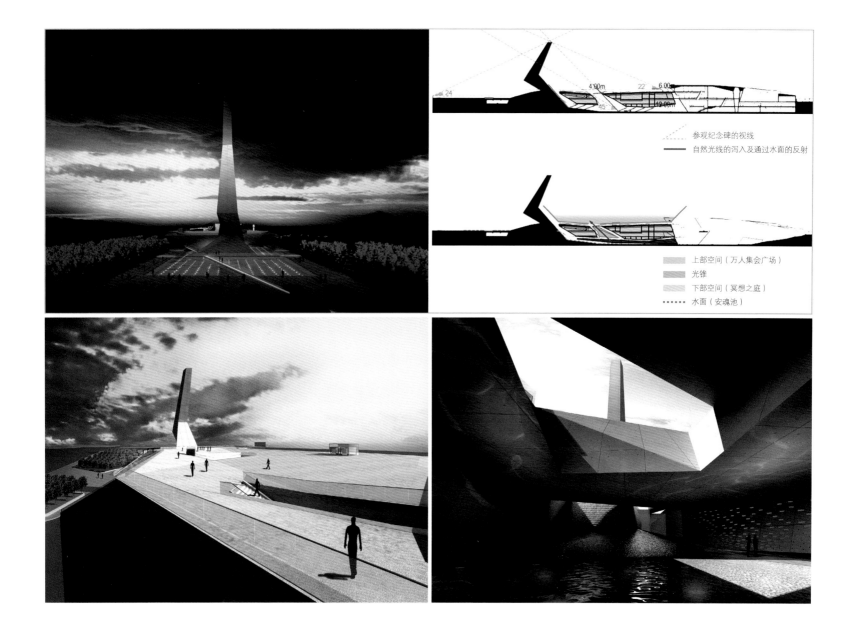

········参观纪念碑的视线

——自然光线的泻入及通过水面的反射

　上部空间（万人集会广场）

　光锥

　下部空间（冥想之庭）

········水面（安魂池）

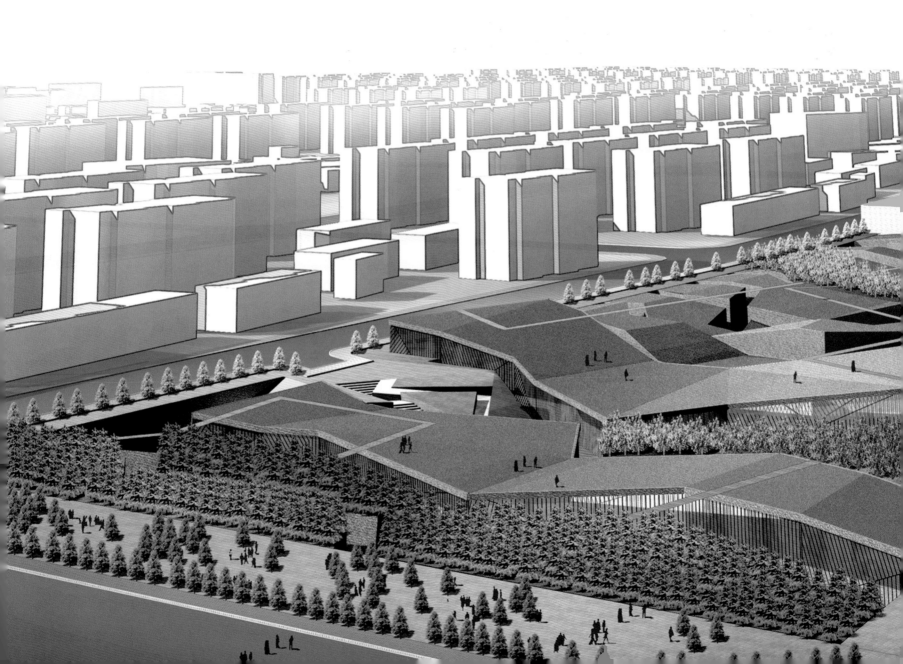

南京大学建筑研究所

提交作品

主创设计师
张　雷

南京大学建筑研究所教授，南京大学建筑规划
设计研究院副院长兼总建筑师

设计立意

　　南京大屠杀是第二次世界大战史上三个特大惨案之一，南京大屠杀遇难同胞纪念馆是一座记载中华民族耻辱和苦难的纪念馆，也是表达中国人民反对战争、爱好和平的重要窗口，对这一项目的形态认知可以简单归纳为：

　　断裂的城墙，掩埋的街巷

　　血染的江河，折断的屠刀

　　抗日的战壕，历史的印记

　　城市的裂痕，和平的绿洲

　　纪念馆扩建工程以上述形态认知为基础，巧妙地处理了以下五组关系，突出了"历史、和平、开放、未来"的主题，满足了纪念馆的物质与精神功能要求。现有纪念馆在建筑形象和独特的流线组织上已经成为具有象征意义的历史存在而深入人心，扩建工程采用地景化的手法，将建筑几乎全部安排在地面高程以下，创造性地完成了新老建筑间的互动和衔接。

　　扩建纪念馆地面以上部分是完全开放的城市公园，供周围居民游憩，纪念展示活动则在下面平行展开，同时进行，参观的人流在肃穆的巷道之中可以感受到上面浓浓的绿意，游憩的人群也可以不时看到下面那一段不能忘却的历史，普通的城市纪念活动和纪念性展示活动以一种辩证的依存发人深省。

　　扩建工程以基地周围传统街区街巷的抽象性再现为起点，通过扭曲、密集、狭窄、深邃的展示流线的设置，通过多向性的轴线设定使得城市几何秩序所产生的安全感的幻觉被打破，与周围的城市空间形态形成较大的反差，从而造就一个消逝和反思的场所，突出这纪念场所的意义和个性。

　　扩建工程将展示流线安排在地面高程之下，并且通过曲折、狭窄的街巷，有效控制参观者的视域，避免了周围环境对纪念性展示氛围的干扰。

　　由于采用地景化处理的策略，纪念馆成为大面积的城市公园（和平公园），有效地改善这一地区的生态环境，覆土种植屋面的采用更是节约能源的有效方法。

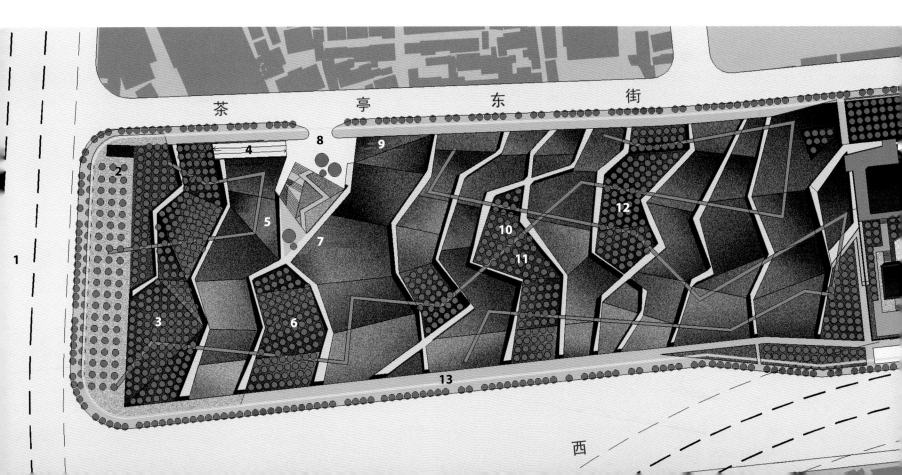

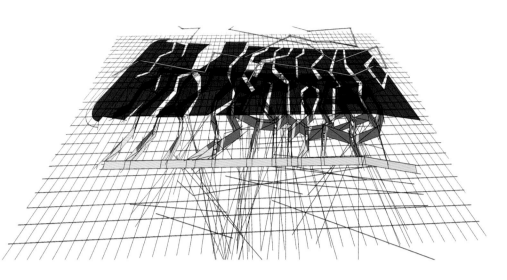

1. 规划地铁线	4. 办公地下车库	7. 馆藏交流入口	10. 和平公园	13. 基地红线	16. 纪念馆主入口	19. 纪念馆次入口	22. 公交出租车港湾式停车	25. 地下车库出口
2. 建议地铁出口	5. 办公楼入口	8. 办公入口	11. 室外实景展场	14. 扩建展厅入口	17. 地下车库入口	20. 建议地铁出口	23. 万人集会广场	26. 枫树林
3. 枫树林	6. 枫树林	9. 货运入口	12. 枫树林	15. 非机动车停车	18. 大客车停车	21. 纪念塔	24. 地下过街通道	27. 规划地铁线

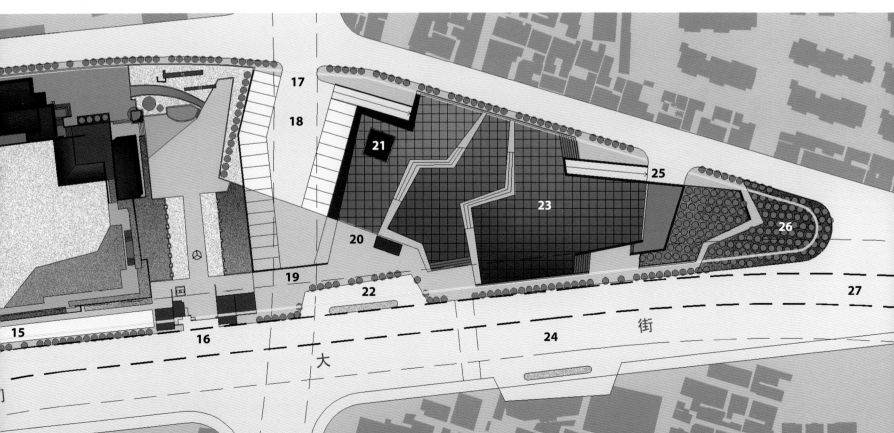

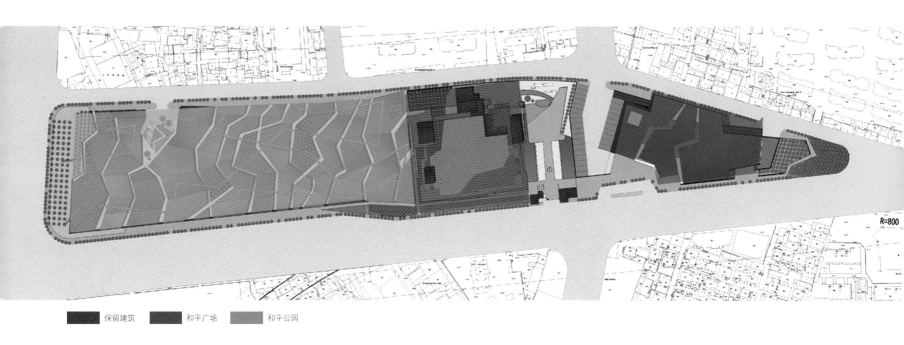

保留建筑   和平广场   和平公园

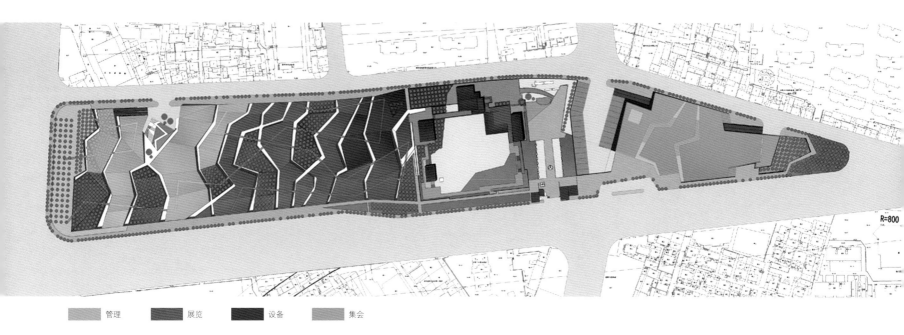

管理   展览   设备   集会

R=800

扩建纪念馆地面以上部分是完全开放的城市公园，供周围居民游憩，纪念展示活动则在下面平行展开，同时进行

建议地铁 地下车库 地下车库 货运 非机动车 大客车停车场 地下车库 地下车库 地下车库
出入口 （20辆） 出口 出入口 停车场（约500辆） （25辆） 入口 （102辆） 出口

通过交叉路口红绿灯控制出入

办公区
出入口

大客车
出入口

参观主入口

通过交叉路口
红绿灯控制出入

建议地铁
出入口

公交、出租车

·---·---· 城市主干道　·--·--· 城市次干道　——— 地铁线　◀——▶ 出入口　——▶ 流线方向　——— 停车场　——— 地铁线　　交通组织分析

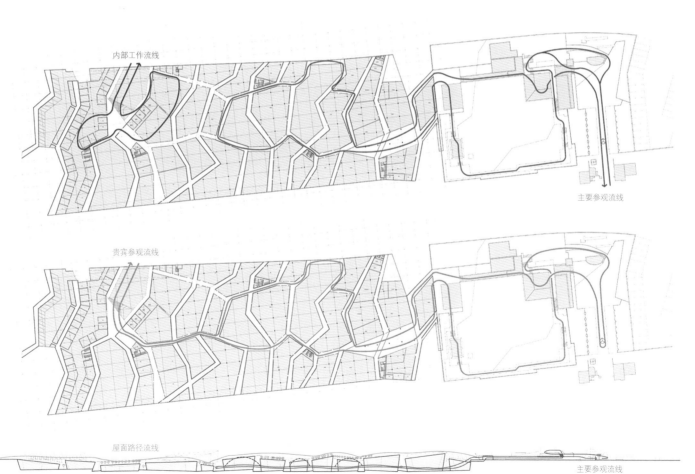

内部工作流线

主要参观流线

贵宾参观流线

屋面路径流线

主要参观流线

交通流线分析

方案采用地景化的处理，促进了新老建筑的互动和对话，扩建部分以草坡形成开放的城市公园(和平公园)，竖向板块之间以横向步道相连。

基地东侧，西侧以及南北面的行道树采用大面积的松树林营造出纪念性建筑氛围，四季常青，与周边的现代城市轮廓形成对比。公园中间的庭院部分则采用枫树，春夏秋冬能有不同的感悟。集会广场平时布置成层层跌落的浅水池，停车场和人行道采用植草砖营造绿色的氛围。

景观分析: 春之绿、夏之蓝、秋之黄、冬之白

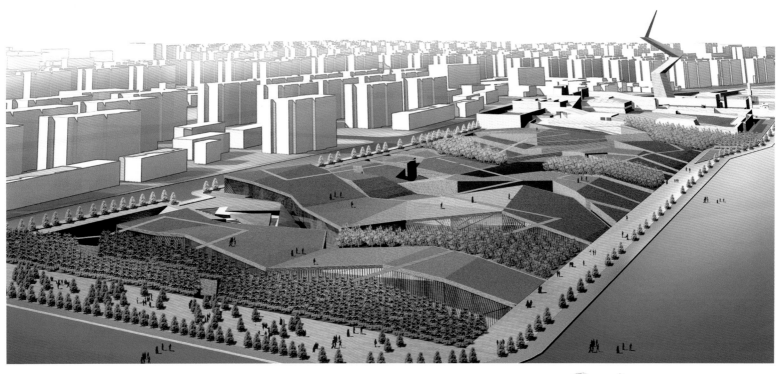

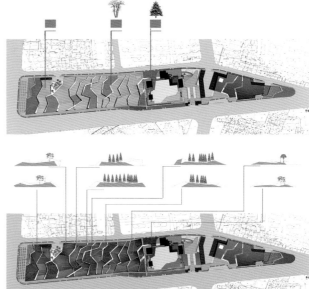

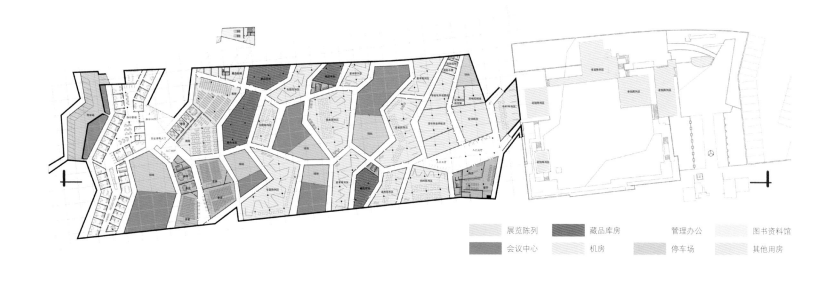

展览陈列　　　藏品库房　　　管理办公　　　图书资料馆

会议中心　　　机房　　　停车场　　　其他用房

展厅室内透视

巷道空间透视

　　单体建筑顺应整体构思形成丰富的内部空间，展览陈列部分由不同形态和规模的展厅构成，可以满足各种类型和尺度的展览陈列活动的要求。展厅的墙面和顶面为不规则的几何形，辅以斜向条窗，形成非常规的空间氛围，形成与纪念和反思相对应的展示场所。展厅外侧面对巷道的墙面为红褐色砂岩，砂岩表面为反映南京大屠杀场景的浅浮雕，巷道宽度最窄处为3m，不仅参观者可以沿曲折巷道观看，从上面和平公园草坡上也能看到，将公园里美丽的生活场景和裂缝中悲壮的历史画面很好地联系在一起，发人深思。展厅内侧墙面采用国际通行的做法，即以两层木工板衬底，最外面是纸面石膏板白色乳胶漆，有利于展品的更换和吊挂，除了室内展厅和室外巷道长廊，方案还安排了一处室外的庭院作为实景模拟展场。

　　展厅的墙面和顶面为不规则几何形，辅以斜向条窗，形成非常规的空间氛围，形成与纪念和反思相对应的展示场所。

　　墙是一期工程、二期工程的主要空间构成元素，此前扩建工程也采用了这一方法，使得展示空间的构成主题具有延续性。

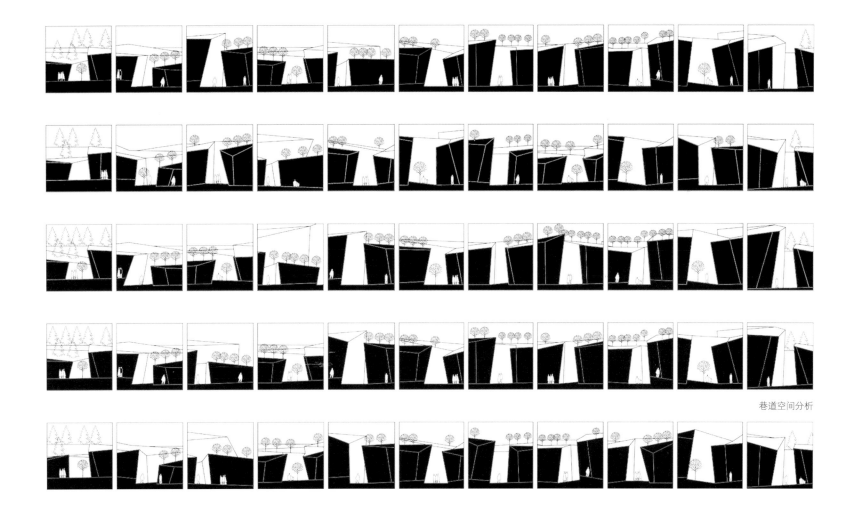

巷道空间分析

重庆大学建筑学院

提交作品

主创设计师

张兴国

重庆大学建筑城规学院院长、教授、博士生导师，
中国城市规划学会常务理事，中国建筑学会理事

设计立意

　　场地本身就是一座默默矗立的纪念碑，无须特别的人工形态的表达，就能传递出对逝者的无限哀痛与思念，任何具象的纪念物都难以包容针对场地的那种深刻的记忆和随时间不断积累的怀念。

　　逝者永生，意味着南京 30 万遇难同胞永远活在人们的心中，意味着每一个后来者勿忘那段惨痛的历史，意味着和平的珍贵，意味着只有无尽的纪念，才能激励人们以更加开放的心态去创造美好的未来。

　　处于城市中心区林木茂密的山丘是南京市极具特色的城市景观之一，以起伏的山丘作为纪念场所的背景，是当地文化的一种传统理念。隆起的山丘在平原的环境下更具恒久的特征，而绿色的树林代表生命力，成为人们寄托哀思的最佳载体，通过每年的植树活动，对遇难者

的纪念将不断延续下去，成为这块场地永恒的主题。

　　以原有一、二期建筑围合的遗址为中心，结合场地现状形态，形成贯穿东西的场地控制轴线；以山丘的形式塑造和平公园与国际和平林，不仅与城市长期形成的山水格局与自然景观特征相契合，而且减少了新建筑与原有一、二期建筑在形态、风格、环境上冲突的可能性。

　　场地西侧采用覆土的方式将和平公园与展览陈列空间重合为一个整体，使和平公园既成为集会广场与遗址之间的过渡空间，又成为集会广场与遗址的绿色背景，并为身处其中的人们提供使用场地的多种选择。

　　场地东侧也采用覆土的方式将国际和平林与图书馆空间重合，并结合国际和平林形成综合性的市民公共开放空间。

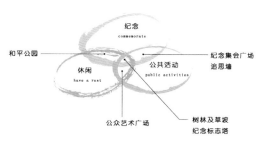

场地功能解析

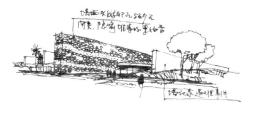

追思墙节点

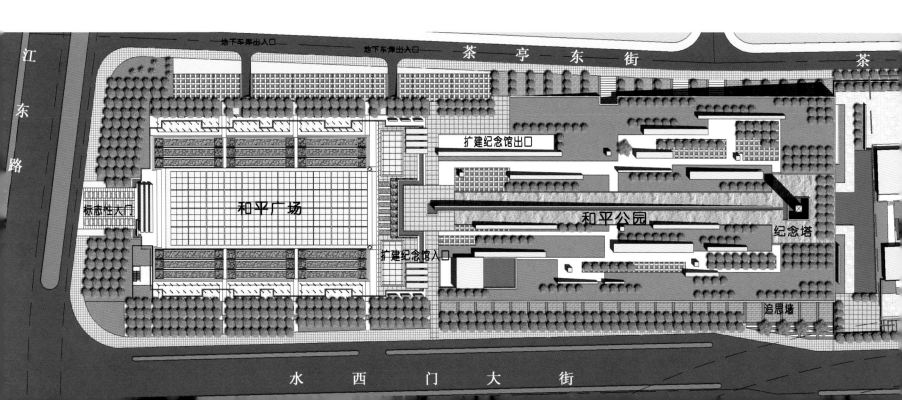

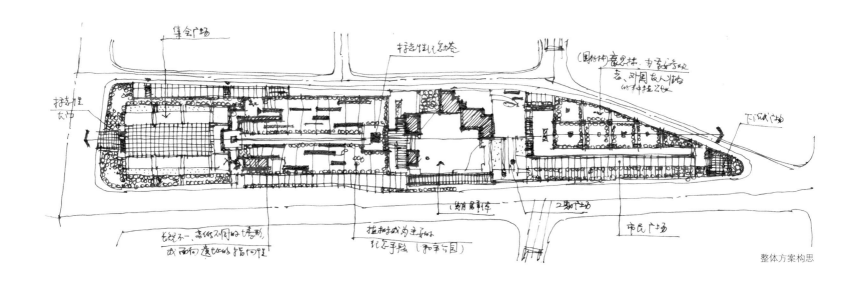

整体方案构思

场地空间剖面

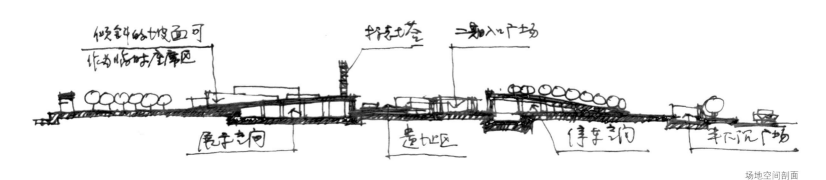

场景构思

由高大常绿乔木组成的树林，成为围合大型和平集会广场的绿色屏障，有效隔绝城市主干道的噪声与烟尘干扰，并借助标志性大门和场地控制轴线形成序列性的递进空间。

从东西两端向原有场址升起的山丘，起到了向场地内收敛视线的作用，强化了原有场址的中心感；视线随山坡向上延伸，减少了周边城市建筑对视线的干扰，保证了整个场地视域

的纯洁性。

处于场地几何中心的纪念塔，借助中轴线上缓缓上升的坡道和水渠的引导，在松柏和蓝天的映衬下，成为整个场地的视觉中心。

追思墙为和平公园侧面面向城市的连续斜墙，表面延续一、二期卵石地面的设计寓意，以鹅卵石与砂石间隔装饰，隐喻层叠累积的尸骨；追思墙上有可供市民放置花卉等悼念物的

装置，作为市民日常悼念活动的主要场所，成为一个新的城市景观。

新增陈列空间作为整个参观流线的起点和终点，通过小型室外广场、景观水面、长廊等过渡手段，将原有一、二期的参观流线衔接起来，并使围绕遗址的室外参观空间仍然成为整个参观流线的核心。

和平广场透视

交通组织分析

馆区参观主要流线　　新馆室内参观流线　　和平公园游览流线　　国际和平林流线
市民追思墙流线　　城市车行交通流线　　馆区车行交通流线　　Ｐ 馆区地面停车流线　　主要人流汇集点

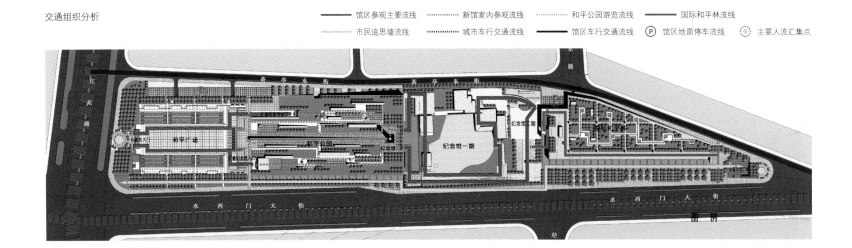

国际和平林透视

和平公园透视

集会广场标志性入口

集会广场灯光

追思墙效果

和平集会广场大门处于场地轴线西端，形成醒目的入口提示。大门造型由三片叠合的墙体构成，面向场地中心方向层层收缩，形成框景效果；与门形墙体交错的墙体铭刻遇难者死亡人数及历史事件、时间，强化场地的时光背景。

和平集会广场南北两侧的灯光柱列，六片柱林象征南京六朝古都底蕴，每片柱林由3列共30根透明灯柱组成，暗喻30万亡灵怨魂，夜幕下静谧黯然。柱列下白沙纯净，其间一线清泉曲折穿行，隐喻命运之水多舛，寄托国人哀思无限。

纪念标志塔塔身镂空，分30格，每格挂风铃，在风中犹如30万灵魂在诉说，底部为和平之钟，供纪念日悼念使用。

整个扩建工程位于负一层的序厅、逝者大厅、抗战史料陈列馆、塔庭以及夹层中的专题展厅，在其室内均采用深灰色粗糙石材质感的面材作为主要材料，体现深沉厚重的历史感；位于一层的和平展厅则采用浅灰色石材质感的面材作为主要装饰材料，体现出和平的圣洁与纯净。

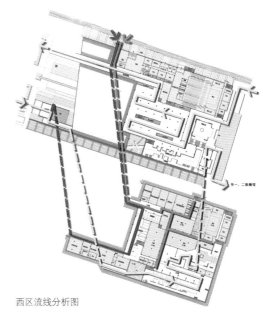
西区流线分析图

西区相应剖面　　　　　西区 A-A 剖面图

　　　　　　　　　　　西区 B-B 剖面图

　　　　　　　　　　　西区 C-C 剖面图

东区相应剖面　　　　　东区 A-A 剖面图

　　　　　　　　　　　东区 B-B 剖面图

　　　　　　　　　　　东区 C-C 剖面图

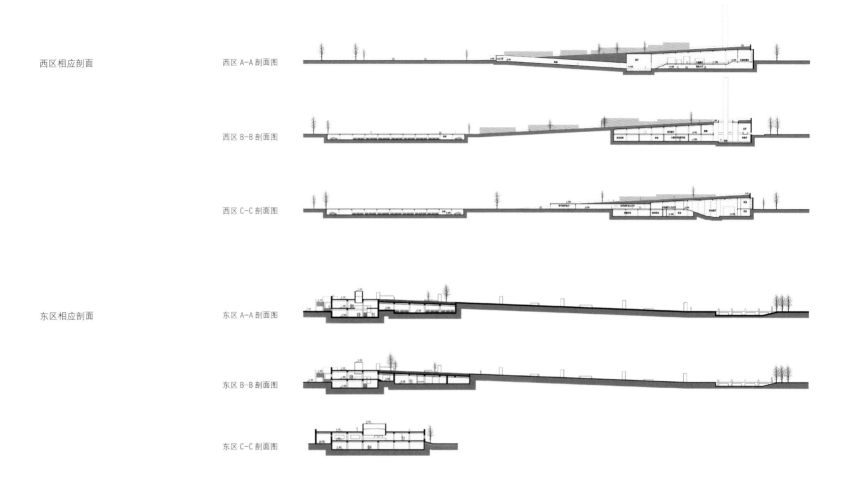

图书馆中庭透视

逝者大厅室内透视

序厅室内透视

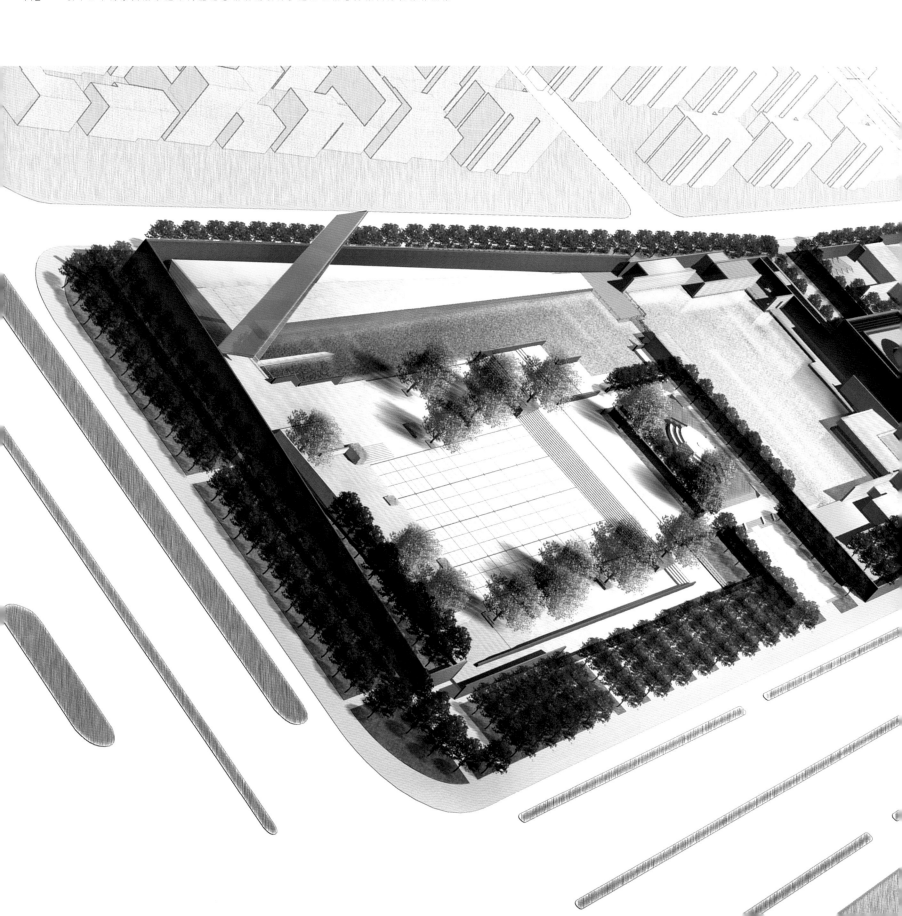

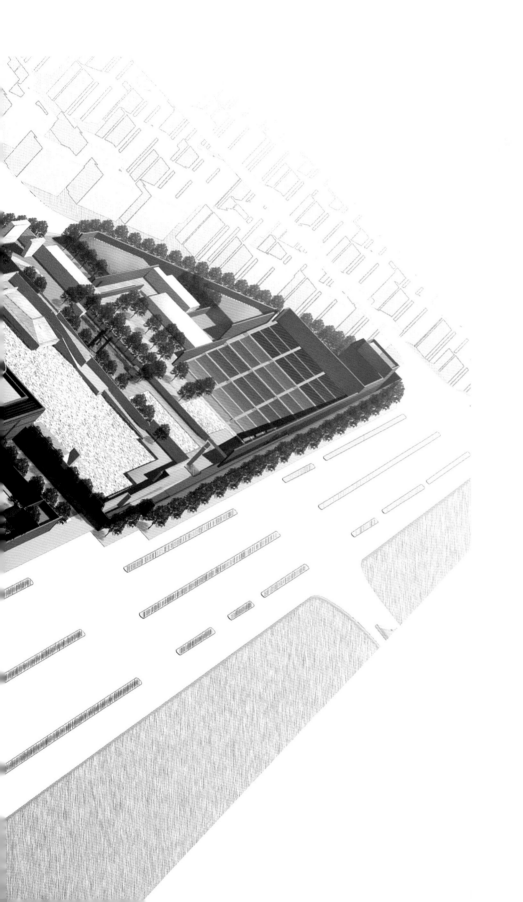

哈尔滨工业大学建筑学院

提交作品

主创设计师
张伶伶

哈尔滨工业大学建筑学院院长、教授、博士生导师，国务院政府津贴获得者，国家特许一级注册建筑师，中国建筑学会理事

一、双线引入

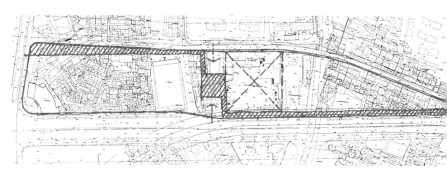

四、核心联结

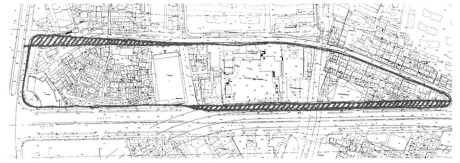

二、分割场地

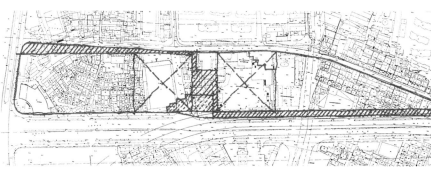

五、选择镜像

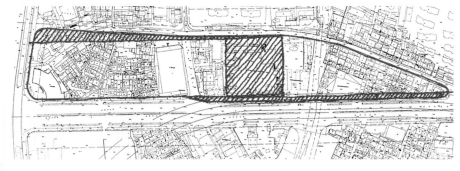

三、保护建筑

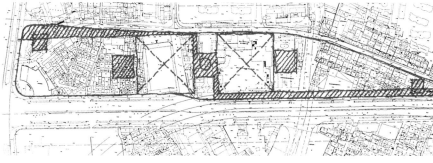

六、获得平衡

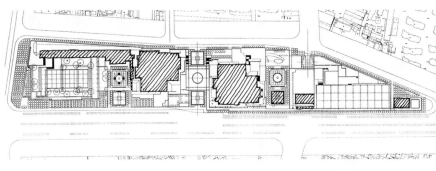

七、石院水庭

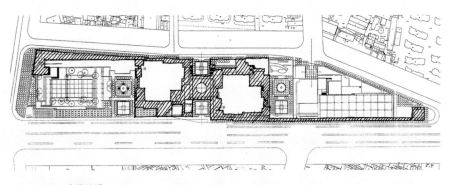

八、实体关系

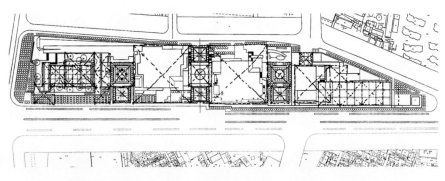

九、空间比例

总体构思

错位

通过塑造两个颠倒的时空序列，使观者在死亡与生命、战争与和平的错位中反思历史、吊慰亡灵、警示未来，这是我们的中心立意。以"冥想亭"为中心划分为东西两个部分，分别表达战争与和平的主题。通过反复对比，使人们体验"错位"的震颤，接受灵魂涤荡。

隐没

将老馆整体镜像平移，作为我们主要的地上建筑部分，只是将石院改为水庭，这既达到了新老建筑的整体协调，同时通过砾石与水体的对比也强化了"错位"的主题。这里最为艰难的是将我们的"新建筑"隐没在"老建筑"之中，成为"老建筑"的配角，而将新旧建筑整体隐没于体验空间的场所之中是一种升华。

体验

战争博物馆本身就应当是最好的展品。在这里，我们努力使整个展馆成为一座体验的建筑，使整个区域成为体验的场所。基地的大部分边界由高墙围合成为内向的空间，摒弃都市的嘈杂与喧嚣，只有和平广场的北侧向城市敞开，表达和平、开放、未来的主题。整个体验之路以冥想亭为核心分为两条线，分别表达"死亡体验"与"生命体验"。"死亡体验"由冥想亭的方室开始，经死亡之路、祭灵亭、地下展厅到亡魂之谷达到高潮，经警示台、石院过渡到"生命体验"。"生命体验"由冥想亭的圆厅开始，经水下展厅、水庭、生命之桥到和平塔达到高潮，经重生广场到祈和坛作为尾声。两个体验的历程既有自身"启承转合"的序列安排，又通过互相的对比，"错位"的表达，构成不可分割的整体。

总平面布置图

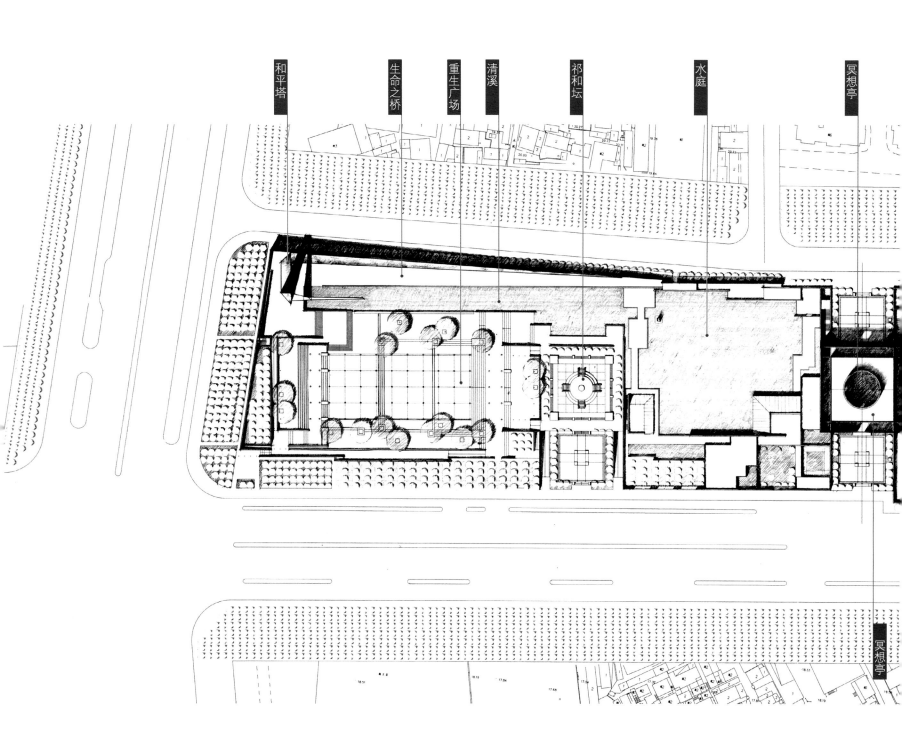

和平塔   生命之桥   重生广场   清溪   祁和坛   水庭   冥想亭

冥想亭

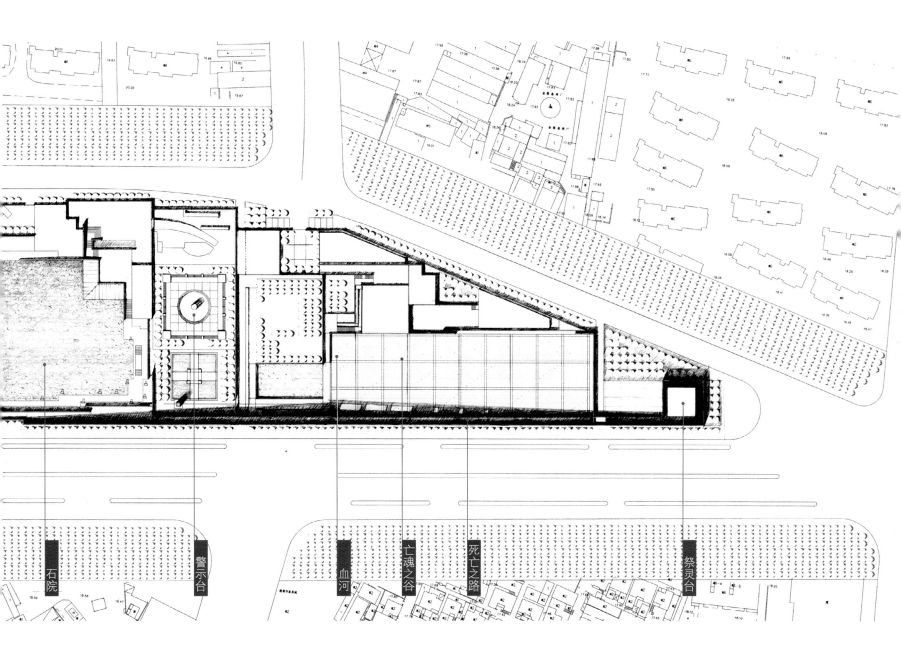

石院

警示台

血河

亡魂之谷

死亡之路

祭灵台

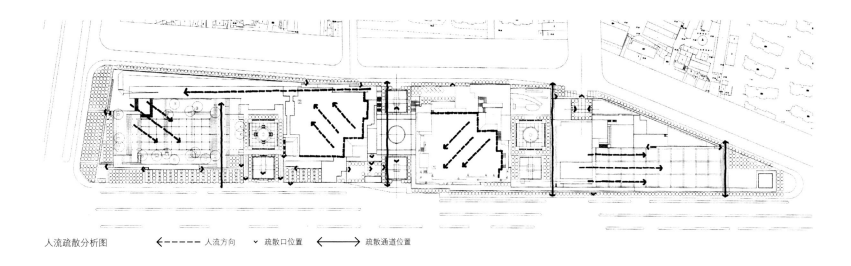

人流疏散分析图　　←----- 人流方向　⌄ 疏散口位置　←—→ 疏散通道位置

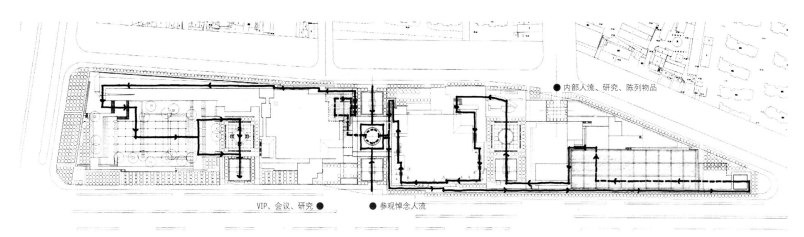

● 内部人流、研究、陈列物品

VIP、会议、研究 ●　　　　● 参观悼念人流

流线分析图

冥想亭

死亡之路

流线与景观序列

冥想亭

　　整个参观流线的序厅和景观序列的起点。由南北两方向高狭的门廊进入冥想亭的方室，对称的空间、中心冲天的圆柱体、昏暗的光线，一个呆板但静穆的空间仿佛与尘世隔绝开来，让人静心冥想后开始一段令人阵痛的历程……

死亡之路

　　由冥想亭东南角一个不起眼的入口踏上了通向地下展厅的引道——死亡之路。狭窄、昏暗、冗长的步道使人麻木，并随着围墙的逐渐增高更显压抑，终于在一组围墙开口处得以释放时，映入眼帘的是高墙下亡魂之谷象征 30 万遇难同胞的血色的"碑林"，触目惊心的场景使观者开始感受到死亡的恐怖和对日军暴行的震惊。继续向前，步道逐渐下沉，围墙上横空而出的六组锐利的钢梁渐走渐密，渐走渐低，如同刺向胸膛的刺刀，动人心魄，使人们切身体验到遇难同胞面对死亡威胁时的感受……

祭灵亭

祭灵亭

　　死亡之路的尽端。方正昏暗的空间高耸、空旷、静谧，只有顶棚边缘投下微弱的光线映衬着中央祭灵台上跳动的灵魂之火，似乎是死难者的不朽生灵……

地下展厅

　　穿过祭灵亭进入了新馆主要的展示空间。空阔的室内昏暗无光，倾斜的屋顶，高低错落的地坪渲染出压抑、失衡的氛围；展厅的尽端，空间突然开敞，但依然昏暗而压抑。仰望顶棚象征 30 万遇难同胞在天之灵的光线或明或暗，俯视脚下象征死亡的血河令人触目惊心，使人如同进入炼狱一般，再次感受到死亡的震撼和战争的残酷……

在天之灵

亡魂之谷

亡魂之谷

　　由地下展厅拾级而上重回地面，迎来了整个景观序列的第一个高潮——亡魂之谷。地下展厅倾斜的屋面上密布着 30 万个由血色橡胶管组成的"碑林"，抬眼望去没有边际，在远处连成血色的瀑布。沿甬道进入其中，俯视脚下数不尽的生灵，剩下的唯有对日军暴行的震惊和盛怒。在夜间，由橡胶管中射向天空的激光束将夜空染成血红，成为最为醒目的城市纪念碑……

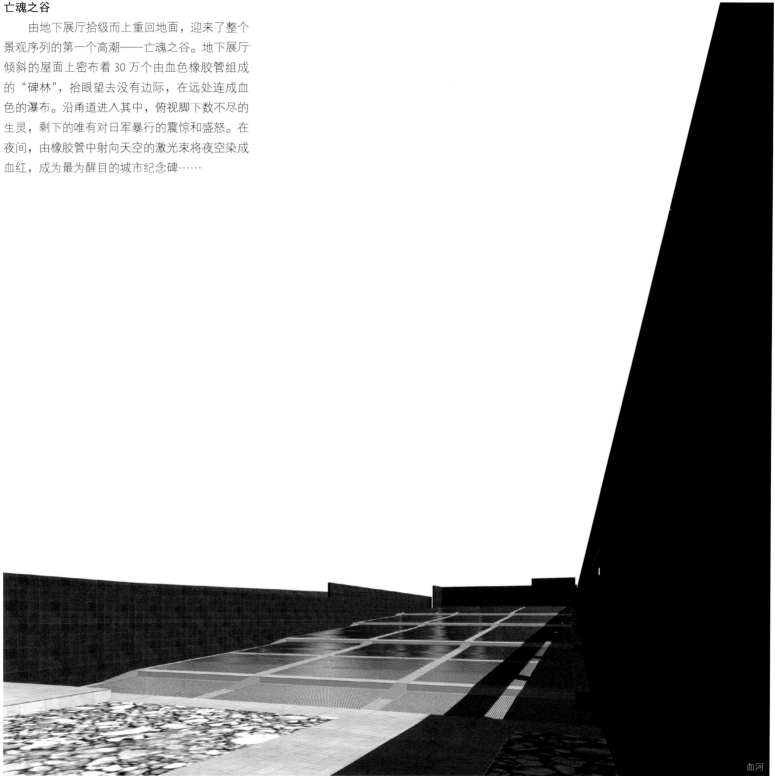

血河

警示台

由亡魂谷沿坡道而上，进入了老馆的参观流线。对原入口前区加以改造后，将老馆的"警钟常鸣"雕塑置于下沉空间中央的警示台上。经过前面的参观体验，在此短暂停留，面对警钟反思历史，对于不了解事实真相的迷惘者是一种警醒，对于爱好和平的后人是一种警示……

石院

延续老馆的主要参观流线，以齐康先生营造的场所空间作为死亡体验的结束。

冥想亭

沿老馆遗址厅出口处的台阶而下，从地下再次进入冥想空间。穿过昏暗狭窄的廊道，进入豁然开朗，向天空敞开的圆厅，与参观开始时进入方室的感受形成鲜明的对比。在地与天、方与圆、黑暗与光明、压抑与高扬的强烈错位中，面对苍天再次沉思冥想，反思战争带来的杀戮的同时开始另一段生命体验的历程……

冥想亭

水庭

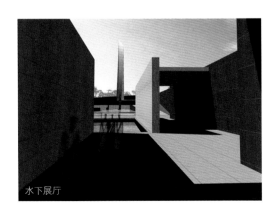

水下展厅

水下展厅

穿过冥想亭的圆厅进入了置于水下的专题
展区。展示空间明亮开敞，阳光透过向水面开启
的天窗撒入室内，映射出和平的主题……

水庭

从水下展厅重回地面，进入水庭。这是一
个与石院对应的场所空间，静静的水面象征着和
平与生命……

生命之桥

和平塔

生命之桥与和平塔

走上逐渐升高、愈加宽阔的生命之桥，阳光、绿树、清溪映入眼帘。和平塔沿着长桥的一侧向远方延展，在重生广场的西北角折起，耸入云霄，将整个景观序列推向新的高潮。塔的立意源自折断的日本军刀，象征着和平的信念，而在耸起之处又犹如巨大的"人"字，暗示着生命的可贵和对人性的高扬……

重生广场

纪念活动的集会广场。场地周边的 18 棵大树是重生的象征，与大屠杀中的 18 个屠杀点相对应，暗示着生命的延续和中华民族不屈不挠之精神。

祈和坛

整个参观流线和景观序列的结束。逐渐升起的祭坛向天空趋近，表达着对和平的永久期盼。

重生广场

深圳市建筑设计研究总院

提交作品

主创设计师
孟 建 民

深圳市建筑设计研究总院副院长、总建筑师，
2001 年获选深圳市政府特殊津贴专家

总体构思

侵华日军南京大屠杀不仅给中国人民带来永不磨灭的苦难记忆，也是对人类文明的无情践踏。牢记这段历史不是为了仇恨，而是为了让人类对自己的罪行进行最为彻底的反思，时刻警惕历史不再重演。

纪念馆不仅仅是为了死者，更主要是为了生者，是要创造希望，使人们相信希望和信仰真实的存在。

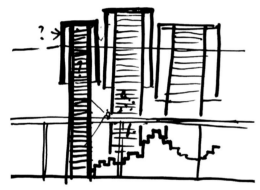

碑林空间概念草图

设计原则

扩建方案应完整的保护纪念馆原貌，并在此基础之上，拓延原纪念馆的空间序列，用一条情感空间的渐变序列，将新老建筑有机的融为一体。

同时，方案不仅塑造出承载人类苦难记忆的空间形态，更是要创造希望，使人们相信希望真实的存在，这也正是"历史、和平、开放、未来"的主题所在。

纪念碑的背面，是一个底色为黑色的水池，引发了人们对缺失、无尽和虚空的思索。

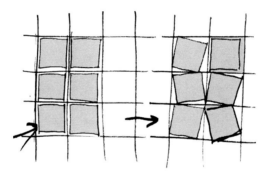

无名碑形式生成草图

设计概念

首先，方案用一条寓意着"由战争到和平、由历史到未来"的渐变轴线，将狭长的基地串联起来。沿轴线，由混乱到平和、由伤痕到复苏、由绝望到希望，方案在铺装、绿化、照明等多个层面，强化着渐变的主题，喻示着人类对战争与和平的反思历程。

而后，方案延续了一期的图底关系，将其扩展成清晰的正交网格体系。沿情感空间序列的渐变，确定各仪式空间的位置，并下沉至不同的深度，形成了错落有致、深浅不一的"印痕"，喻示出大屠杀是人类永不磨灭的伤痕。扩建部分基本隐于地面之下，最大限度地保护了原貌。

在这样一组"印痕"中，有些是渐变序列中重要的仪式空间，有些是游客服务中心、地下停车出入口等辅助功能，有些则是预留的艺术展示空间。散落于和平公园中的艺术展示空间，未来将会有不同形式的艺术行为，这带给纪念馆永恒的生命力。

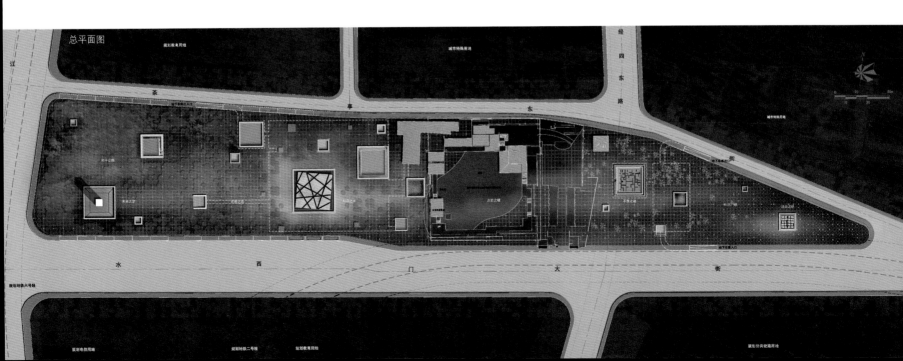

总平面图

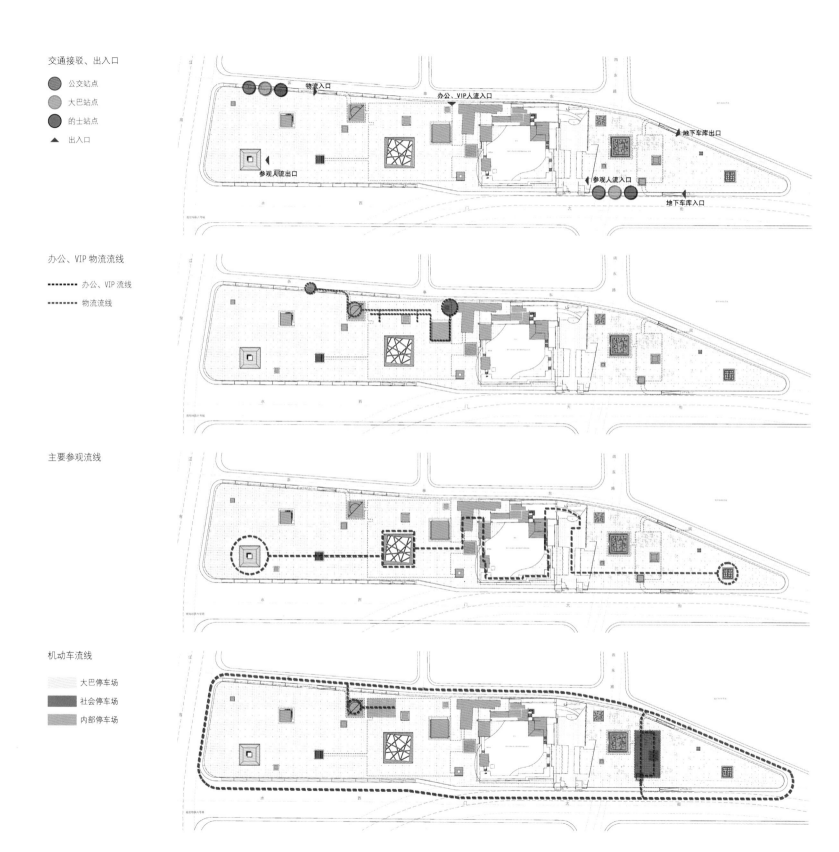

交通接驳、出入口

　公交站点
　大巴站点
　的士站点
▲　出入口

办公、VIP 物流流线

------- 办公、VIP 流线
------- 物流线

主要参观流线

机动车流线

　大巴停车场
　社会停车场
　内部停车场

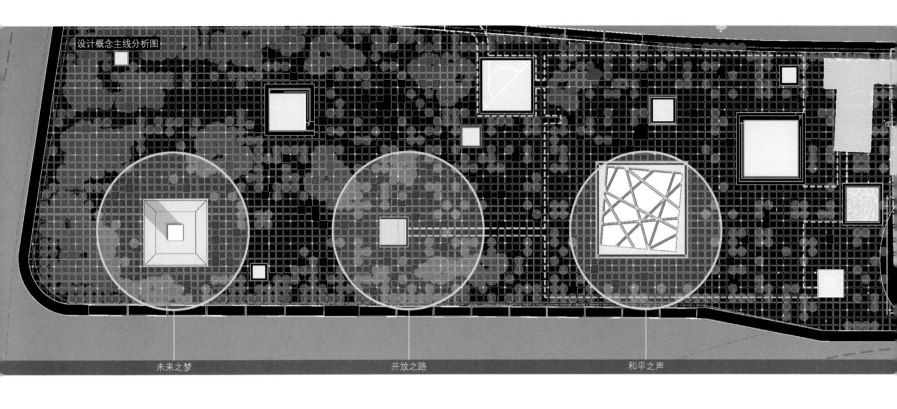

设计概念主线分析图

未来之梦　　　　　　　　　　开放之路　　　　　　　　　　和平之声

设计序列

方案通过"泣血之躯、不屈之魂、历史之镜、和平之声、开放之路、未来之梦"这样一组仪式空间,表达了人类对自身深刻的反省,彰显出"历史、和平、开放、未来"的主题。

序列五——开放之路　在众多栈桥中,唯有一条"开放之路"可以走通,沿石阶缓缓而上,走向光明、走向希望、走向未来。

序列六——未来之梦　为序列的终点,方案征集来自不同国度、不同民族、不同阶层的精英代表,共同书写"和平"二字,并将其刻在55m高的汉白玉碑体,表达出和平是全人类共同的"未来之梦"。这样的征集过程,也是一次行为艺术,一次人类的和平宣言。

序列四——和平之声　在原纪念馆的尾声——临时展馆内,沿石阶缓缓而下,一条隧道将新老建筑紧密而巧妙地连接起来。在经历了一系列的地下展示空间后,到达渐变序列的灵魂——"和平之声"。这是一丛巨大的混凝土碑林,形体由30m见方的立方体切割而成。透过碑体间不规则的缝隙,斑驳的阳光铺洒而下,一条条悬浮于半空中的栈桥辗转反复于碑体之间,穿行其中,感受着生于死、光明与黑暗、希望与绝望……在这里,空间被划分成三个界面——"天界、人界、地界",象征着历史、现实与未来。在迷失与追寻中,无法触摸的无名碑依次渐现,由个体隐现到集体凸现,隐喻了大屠杀的惨烈。整个建筑如同漂浮在无尽的碑群之上。

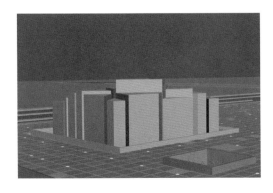

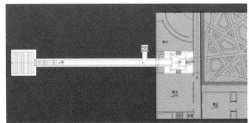

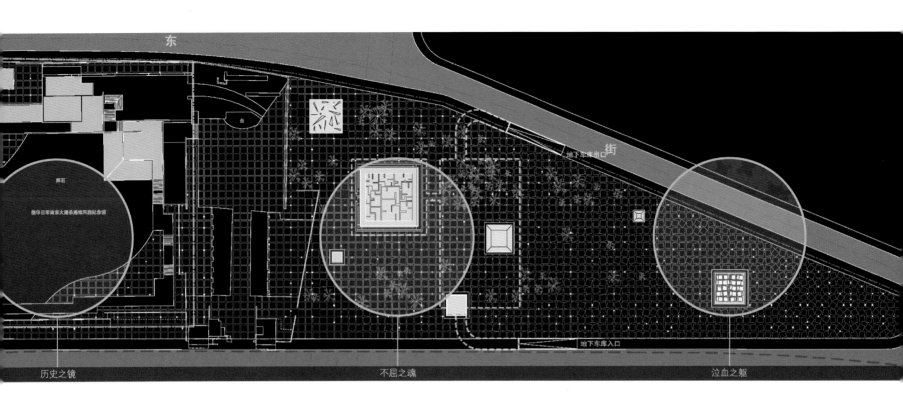

历史之镜　　不屈之魂　　泣血之躯

序列三——不屈之魂　沿轴线西行，屹立着一片饱受战火摧残、而依然不肯屈服的枯树林。枯树们共同围绕着一块在"印痕"中浮起的巨石，巨石刻满了抽象的图案，仿佛某种祈祷的文字。巨石上空无一物，试图通过"虚空"与"不在"折射出"不屈之魂"的主题。

序列二——历史之镜　继续前行，进入"历史之镜"。"历史之镜"由原有纪念馆构成，惨痛的历史一幕幕再现，警示人类：历史不可忘却。

序列一——泣血之躯　为序列的起点。这是一组在挣扎、扭曲中破土而出的黑色花岗岩石碑，血泪般的溪流，缓缓流入大地深处，在默默地泣诉着。

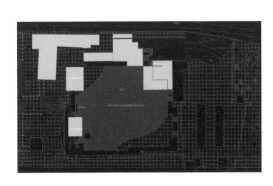

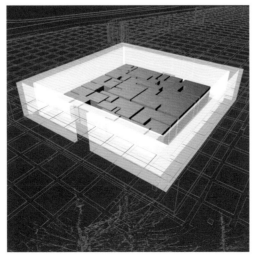

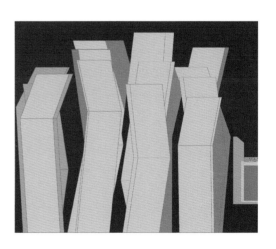

功能分区流线

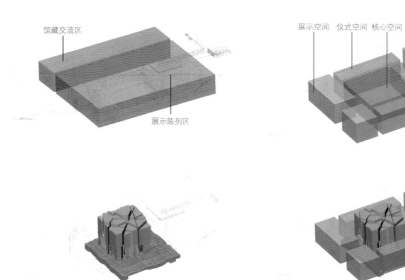

美国 Steven Holl Architects

提交作品

主创设计师
Steven Holl

被美国《时代》周刊评为美国最好的建筑师，是
当今国际新一代建筑大师中的代表人物

历史事件

南京大屠杀与波兰奥斯维辛集中营惨案、日本广岛原子弹爆炸并称为二战史上"三大惨案"。另一方面，南京作为中国著名古都有着丰富的自然景观资源和人文历史遗产。我们将山、水、城墙作为南京城市的元素抽象化，并表达在纪念馆的设计中，体现了对自然和历史两者的理解。水体和花园为大众提供了思考历史和接近自然的场所。

设计理念

我们建议用南京的青色城砖建一道矮围墙将原建筑和扩建部分统一起来。扩建后的纪念馆按照抽象含义分为独立的三部分：
A 区——过去：经过整修的现有纪念馆
B 区——现在：位于一大片水池下的纪念展览厅
C 区——将来：享受和平愉悦的场所

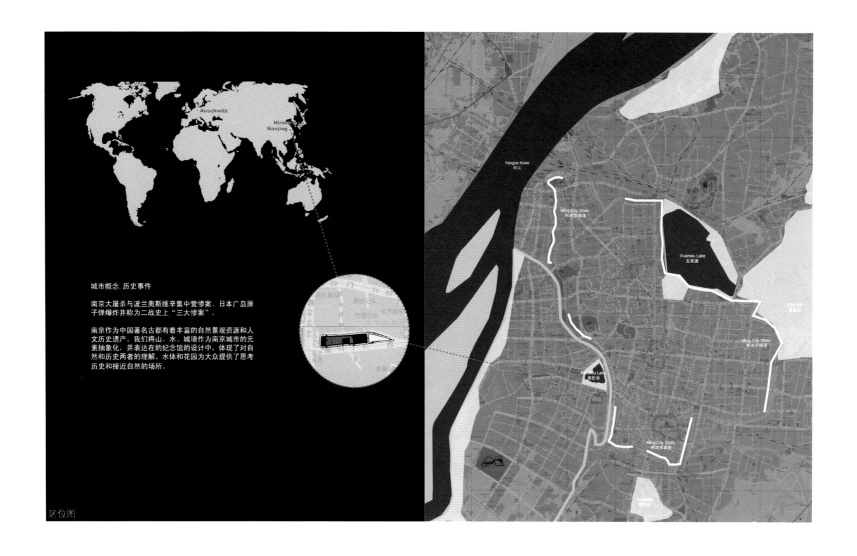

城市概念.历史事件

南京大屠杀与波兰奥斯维辛集中营惨案、日本广岛原子弹爆炸并称为二战史上"三大惨案"。

南京作为中国著名古都有着丰富的自然景观资源和人文历史遗产。我们将山、水、城墙作为南京城市的元素抽象化，并表达在的纪念馆的设计中，体现了对自然和历史两者的理解。水体和花园为大众提供了思考历史和接近自然的场所。

区位图

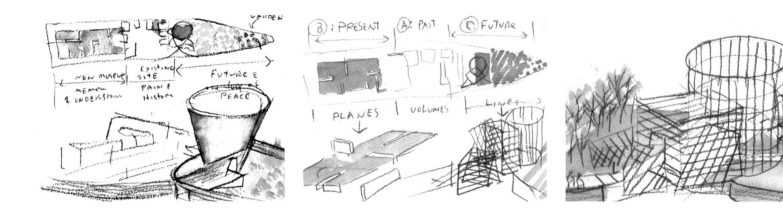

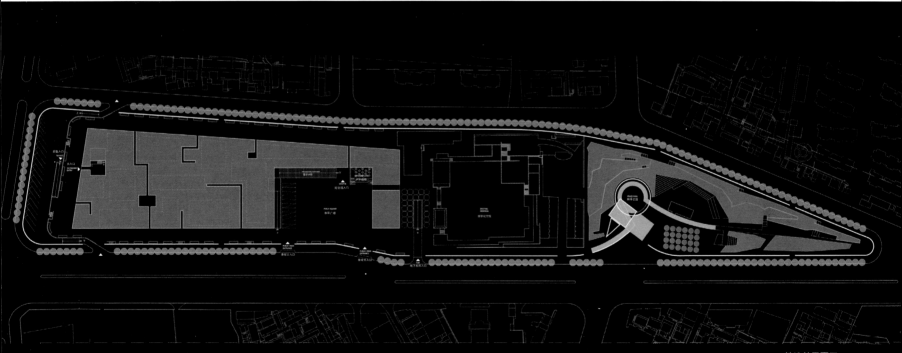

基地总平面图

基地剖面图

城市概念

A 区——过去

现有的纪念馆将被重新装修。用南京城砖砌起的围墙在现有南入口处开口。东面和西面设计了新的步行连接。

B 区——现在

一片新的、巨大的倒映水池（城市之镜）被玻璃地面的人行道切开，光线经由此可以射入到展览厅和地下其他功能，创造一种古埃及神庙似的氛围。在巨大的展览空间上面高大的圆柱托起第二层的功能，为展览空间提供变化丰富的屋顶。日光从玻璃步道的切口处斜射到圆柱上，创造出光与影富于雕塑感的动态表演。

这些柱子和 C 区未来之园中的树阵"有生命的柱子"交相辉映。

C 区——将来

象征和平与未来的愉悦，这一区由不同的当地植物与雕塑感的地景构成。人们从城砖墙的开口处进入由三部分构成的雕塑中：三角、立方、圆柱。立方体下是一个 0.5m 落差的喷泉，流水声清晰可闻。升起的坡道提供了一个制高点，可以俯瞰园中的不同植物。轻质的金属框架最终会被爬藤覆盖；一圈竹子生长在圆柱的顶上。坡道下降到一个可容纳 300 人的露天剧场，可以举行音乐会和各种活动。玫瑰花园和芳香花园选择不同色彩、香气和花期的植物。如果说代表过去的 A 区和代表现在的 B 区以单色为主，那么 C 区则在视觉上和感觉上更吸引人，因而代表欢乐。

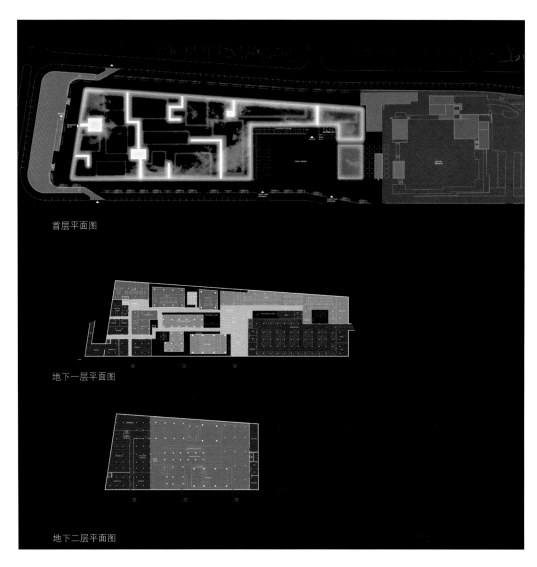

首层平面图

地下一层平面图

地下二层平面图

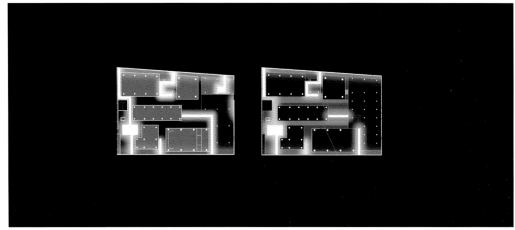

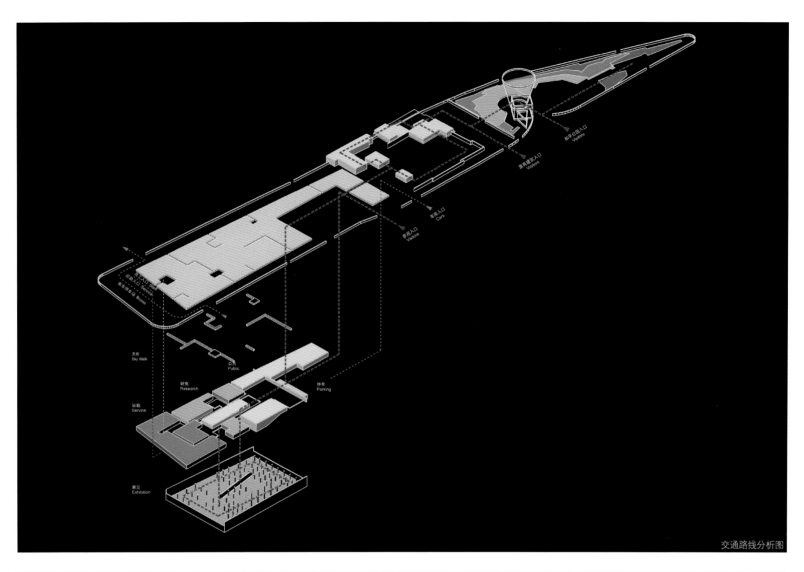

交通路线分析图

东西剖面图   南北剖面图

南北剖面放大图

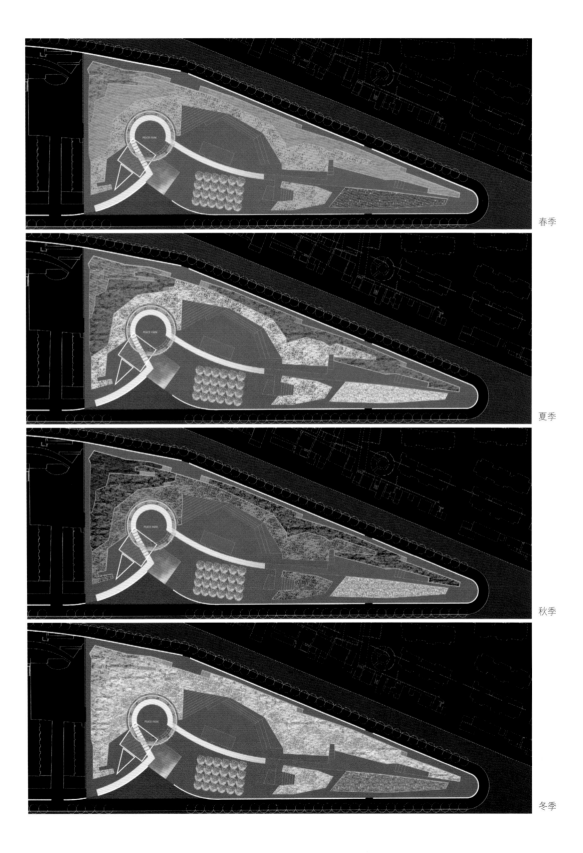

春季

夏季

秋季

冬季

法国 AS 建筑工作室

提交作品

主创设计师
Architecture-Studio

法国 AS 建筑工作室总部设在巴黎，完成了包括欧共体、阿拉伯文化中心、诺曼底登陆纪念馆等重大设计项目

设计立意

南京大屠杀纪念馆，一座记载了中华民族耻辱和苦难的纪念馆，旨在重唤在精神及肉体上饱受伤痛的中国人民对人类历史上最令人发指的大屠杀事件的记忆。在 1937 年 12 月到 1938 年 1 月的 6 个星期内，超过 30 万的中国人被侵华日军屠杀凌辱致死。今天，无数中国人的尸身依然被深埋在这里，他们和无数依然在寻求和平的中国人一样，期望着世界不再有战争，不再有杀戮，期望悲剧不要再重演。

鸟瞰效果图

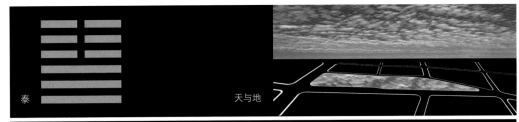

天与地

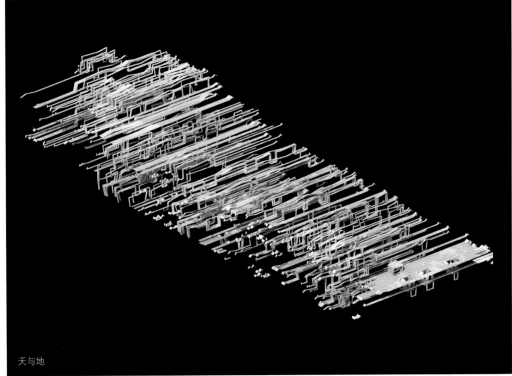

天与地

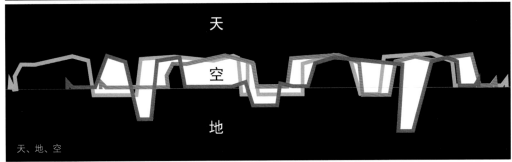

天、地、空

泰

　　设计灵感来源于易经中一幅古老的卦象——泰：小往大来，吉，亨。

天与地

　　环抱于橡树、槭树和毛榉树之间，万千的灵魂躺卧之处，如镜般的抛光不锈钢板覆盖着这安息之所。乾坤在这里相融合一，大地成为了天空的反射。祖先是荣耀的，大地是神圣的。我们不可以行走在那牺牲者安睡的地方，因这空间已具有特殊意义。镜板分别以 1m、2m 和 3m 的宽度呈带状排列成行，偶然性的排列使建筑显得错落有致。同一元素的重复形成了简单的抽象性，这种重复便代表了有组织的屠杀。

　　带状钢板呈撕裂状并以各种不同的形态弯曲，每一片的造型都迥异于另一片。上升，下降，再次上升，再次下降，每一片都有其独特而唯一的身份。

　　景观如同一个统一的整体：建筑物与公园不可切分。公园即是建筑物，建筑物亦是公园。天即为地，地即为天。

空

　　在每一片的弯曲之中，在天与地之间，我们发现了第三种元素：空。在传统的阴阳理论中，空代表了中国人思维的支撑。空，并不仅仅是阴阳之间相互消长对立的中度空间，它是结，是连接虚幻与真实、过去与未来之间的衔结。

　　在我们的方案中，"空"被隐喻为一个片层，它包含着纪念馆内各功能区域。内部空间包括展厅、工作区、会议区和研讨区，外部空间则由纪念碑和流线型景观带组成。这一切，都被建造于天地之间的"空"内。

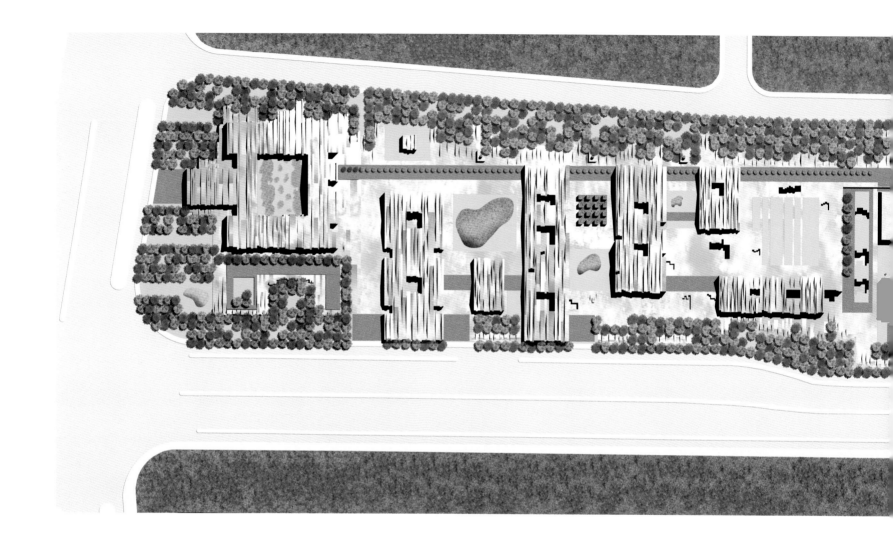

都市公园

地下一层平面图

　　公园和建筑物乃是采用相同的建筑方式，正是出于彼此的不可切分性，这样一个风格统一的景观为城市了增添绚丽的色彩。

　　大面积的镜面被环绕在由各种树木织成的锦带之间，遍布于绿色的公园之内，镜面与树列间的对话飘漫在建筑和绿色之间。

　　在景观的处理上，纪念馆四围的树墙和面向人行道的植物带有所不同，其用意则在于保持都市公园与城市之间的独立性。其独立与唯一的风格构建起一座具有象征意义的城市公园，一艘和平之舟。

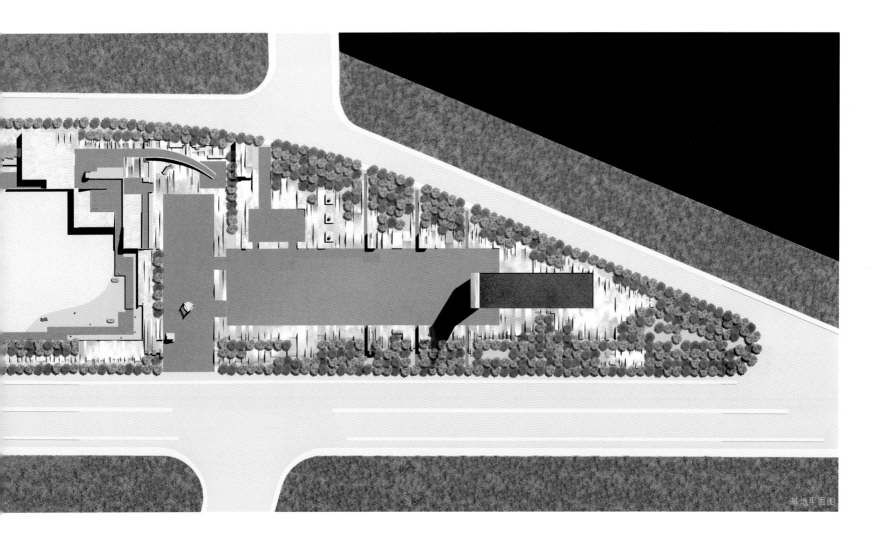

基地平面图

绿色景观

小树林由各种橡树、槭树和山毛榉组成。这种多样化的组合形成了不同的颜色、不同的生长速度和不同的叶丛。

公园中布满了各式各样的小型植物点：波浪形、行列形、藤架形和小山形。它们是参观路线中的焦点所在。盛开着白色花朵的樱桃树丛贯穿了整个办公管理区和现状纪念馆。

公园的四周布满了小树林，自然地分隔了纪念馆外部和内部的空间。树木的安排与建筑褶皱的外观相和谐，并形成了一个个林中空地。鲜明的几何形轮廓使小树林的整体显得井井有条。

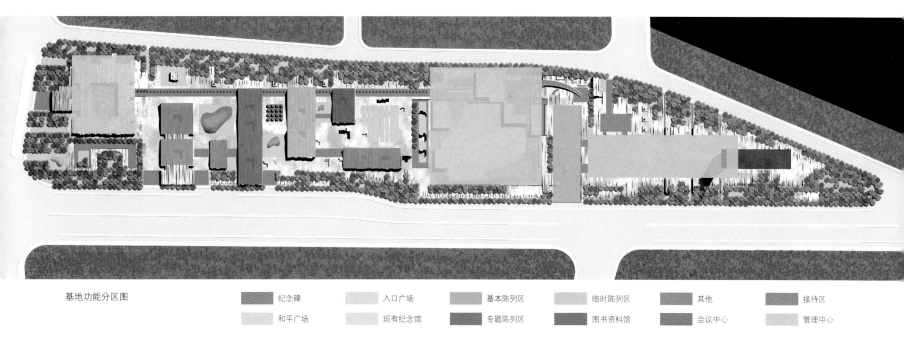

基地功能分区图

	纪念碑		入口广场		基本陈列区		临时陈列区		其他		接待区
	和平广场		现有纪念馆		专题陈列区		图书资料馆		会议中心		管理中心

元素

公园是由一系列不同的建筑和空间组成的，但景观的整体设计仍然采取了统一的风格。靠近经四东路处，有一个可以通向纪念馆的入口广场。这个南北朝向的广场上，包含由原设计师齐康院士设计的重要元素：如和平大钟、哭墙、十字碑和断手塑像。

我们可以从入口广场东面进入和平广场，那里便是纪念碑挺立之处；向西则是通往展览厅的要道。我们继续向西而行，越过展览厅，就到达了图书馆、会议厅和办公管理区。

除西北角的展厅外，现状纪念馆中所有的展厅都将保留下来，而这间展厅的拆除为现状纪念馆及其扩建工程的整体和谐提供了可行性。

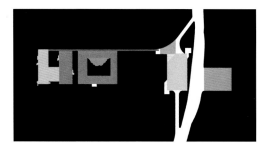

地下一层功能分区图

	标准停车场		展品货运区		设备区
	大客车停车场		基本陈列区		藏品仓库
	消防控制区		专题陈列馆		设备专用通道

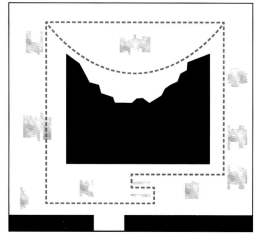

地下一层参观路线图

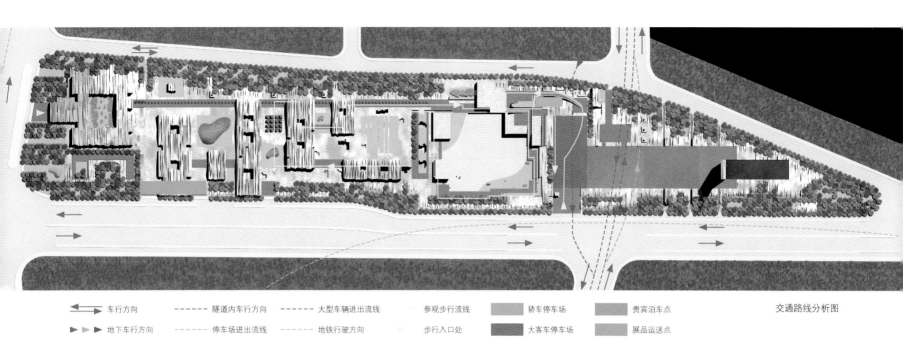

← 车行方向	---- 隧道内车行方向	---- 大型车辆进出流线	参观步行流线
▶▶ 地下车行方向	---- 停车场进出流线	---- 地铁行驶方向	步行入口处

轿车停车场　　　贵宾泊车点　　　交通路线分析图

大客车停车场　　展品运送点

主题：
历史、和平、开放、未来

　　开放的参观路线面向所有的市民和参观者。

　　整体结构为横向：在避免使行人行走于地面镜上的情况下，入口广场、人行过道以及略微与地面相分离的平台，仍能将公园内的游览路线连接起来，并且衬托出流有牺牲者鲜血的地面的神圣。

　　参观路线的主导线路为和平。

　　镜体弯曲着，同时又舒展着。折叠的镜体伸展到地面，形成保护性的扶手，其作用则是限制参观者僭越到灵魂安睡的地方，或行走其上。因为在那里，静默着他们对和平的思考。

　　参观者由入口广场进入，即开始对纪念馆的参观。参观的第一部分即令他们面对历史。下行到大屠杀遗址，参观者可瞻仰到牺牲者遗骨。返回地面，向左转即可到达公园。这样，齐康院士原方案中的外部空间和内部空间即在扩建工程中延续了一个空间交替的效果。

　　扩建后的新的参观路线，可将参观者带至基本陈列区。

　　继续下行至地下一层。此层可称为散步区，由若干光井照明。环形路线使参观者得以领略到地下的专题陈列区。

　　返回地面，参观者可以在外部及内部交替行进，自由参观专题陈列区与临时陈列区，然后返回现状纪念馆，结束参观。

　　另一个可行性路线是，参观者由专题陈列区离开，穿过图书资料馆和会议厅。

　　参观者在任何时刻，不论处在纪念馆的任何部位，都可以和外部空间相连接：与天或与地。镜面中反射出参观者的影像，将其置于悲情的过去中，同时亦思考着遥远的未来。

　　这样，过去、现在和未来便融合在参观路线之中。

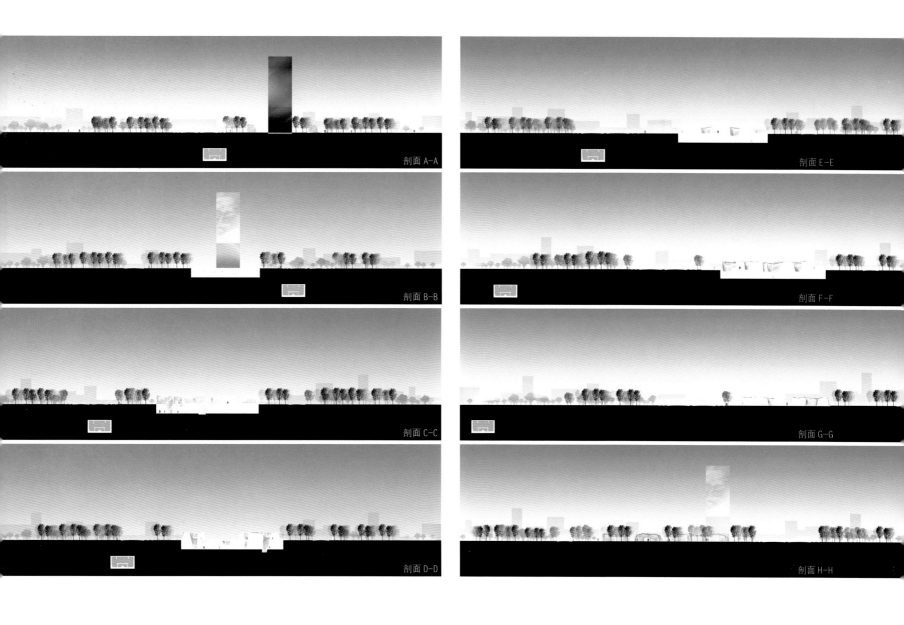

剖面 A-A

剖面 E-E

剖面 B-B

剖面 F-F

剖面 C-C

剖面 G-G

剖面 D-D

剖面 H-H

展览区和褶皱设计
构思巧妙的景观设计

中国人对美学的鉴赏思路总是与"实"相关联。褶皱设计并非纯粹出于美学的考虑，同时亦是出于独特构思的设计角度。

透过邻接带状间的缝隙，馆内可达到良好的采光效果。这些象征天地相接的带状外观一直延伸到地下，辉映着展览区、服务区和藏品库房区。同时亦设计了内院，为展览区、服务区、藏品库房和安全出口形成良好的通风效果。

另一个，或许亦是褶皱设计最有意义的用途，即地下专题陈列区内将形成一个光井。当确认遇难同胞的遗骨埋葬于此时，方形地下基本陈列区的中心区域可挖掘出一洞穴，并由光线勾勒出一个边缘呈褶皱状的光影，意在暗示预留出适当的空间以备在日后的发掘工程中发现更多的遗骸。

和平广场和纪念碑

和平广场与纪念碑

和平广场位于入口广场的东侧。地面镜隔开了人行走道和周边环绕的树林，此番设计为举行缅怀遇难同胞的大型纪念活动烘托出一种沉思冥想的肃穆氛围。纪念碑高耸于广场东面的尽头，其下可举行各种形式的演讲或仪式。

折型纪念碑高高耸立。面向和平广场的纪念碑表面使用镜面材质。参与纪念活动的人们可以在镜面中看到自己的影像，同时，纪念碑耸向天空的上半部分反射了天空的影像，天与人的反射发人深思。纪念碑的另一面为黑色，其上雕刻了 300000 个圈型浮雕。一边面对着和平，而另一边则面对着屠杀、遇难者和这片沧桑的土地。

纪念碑的背面，是一个底色为黑色的水池，引发了人们对缺失，无尽和虚空的思索。

后记

在各级政府和社会各界的大力支持下，侵华日军南京大屠杀遇难同胞纪念馆扩建工程概念设计方案征集取得了圆满成功。随后，在此基础上，由方案竞赛第一名的获奖人何镜堂院士牵头深化完成了实施方案，扩建工程顺利实施建设，新馆也将于南京大屠杀 70 周年之际开馆。

中央有关部门十分关注纪念馆扩建的设计和建设工作，中宣部、国务院新闻办、国家发改委、国家财政部有关领导在京听取了本次征集活动的工作组织以及获奖方案的介绍。各部门领导高度评价了获奖方案，充分肯定了本次征集活动，并在项目立项和筹资方面给予了大力支持。

江苏省委省政府高度重视纪念馆扩建工程，成立了由时任省委书记李源潮、省长梁保华任顾问，分管省领导任组长的纪念馆扩建工程领导小组，为扩建工程的顺利推进提供了强有力的组织保障。他们多次亲临现场关心扩建工作的进展情况。李源潮书记于百忙之中，亲赴方案评审会现场，对本次国际方案征集给予了充分肯定，并亲自为本书题序——"牢记历史教训，开创和平未来"。

南京市委市政府高度重视、全力具体推进纪念馆扩建工程，在江苏省委常委、南京市委书记罗志军、市长蒋宏坤的直接领导下，成立了由分管市领导任组长的扩建工程南京工作小组，具体部署并承担纪念馆扩建工程。罗志军书记专程拜访并会见了评选专家，对各位专家的辛勤劳动表示感谢，给每位参与设计的建筑师和参加评选的专家寄去了热情洋溢的感谢信。市委宣传部对本次征集活动给予了大力支持和指导；侵华日军南京大屠杀遇难同胞纪念馆对本次征集活动给予了全面配合；纪念馆建设指挥部及承建单位南京市城建集团全程参与了本次征集活动。

参加方案征集的单位和设计师不计得失，全心全意投入创作。12 份应征方案成果凝聚了他们的心血和智慧，处处闪现出他们深入细致的思考和新颖独特的创意。本次方案征集充分展示了他们出色的专业水准和反思历史、追求和平的精神。

参与征集方案评选的专家在百忙之中参加评审会议，为完善方案提出了积极有益的建议。纪念馆一期工程设计者齐康院士高风亮节，不计较个人名利，积极支持开展概念方案国际征集工作，并担任评选会主任委员。评选专家高深的专业造诣、虚怀若谷的态度、崇高的历史责任感，令人感动。

在方案征集过程中以及结集编辑工作中，下述同志付出了辛勤的劳动：南京市规划局周岚、张际宁、叶斌、刘青昊、徐明尧、王宇新、张弨、邵颖莹、彭俊、曹松、张为真、邓芳岩、戴快快南京城市规划编制研究中心高海波、程向阳、刘正平、郑晓华、陶承洁、王青、陶德凯、叶菁华、屠定敏、宋晶晶、吴萍、吴尧、闫格、牛丽新、黄剑薇、吴军、邹钟磊；南京市规划院童本勤、曾新春等。此外，南京工业大学建筑与城规学院吴骥良、方遥、王亮、谢丹、曾建城、马骁、王楠参与了最后的结集编辑工作。

最后，对所有为纪念馆扩建规划及建设付出智慧和汗水的人们一并表示衷心感谢。

南京市规划局

2007 年 11 月

图书在版编目 (CIP) 数据

侵华日军南京大屠杀遇难同胞纪念馆规划设计扩建工程概念方案国际征集
作品集／南京市规划局编 . —北京：中国建筑工业出版社，2007
（南京城市规划探索与实践）
ISBN 978-7-112-09759-3

I. 侵…　II. 南…　III. 南京大屠杀(1937)−纪念馆−建筑设计−作品集−
世界　IV. TU242.5-64

中国版本图书馆 CIP 数据核字 (2007) 第 177131 号

责任编辑 ：　徐　纺　邓　卫　李颖春
装帧设计 ：　朱　涛

侵华日军南京大屠杀遇难同胞纪念馆
规划设计扩建工程概念方案国际征集作品集
南京市规划局　编
*
中国建筑工业出版社出版、发行（北京西郊百万庄）
各地新华书店、建筑书店经销
上海美雅延中印刷有限公司 制版、印刷
*
开本：889×1194mm　1/12 开　印张：13　字数：391 千字
2007 年 12 月第一版　2007 年 12 月第一次印刷
印数：1-2000 册　定价：**128.00** 元
ISBN 978-7-112-09759-3
　　　　（16423）